U0729542

家庭系统疗愈

核心概念及真实疗愈个案集

赵中华◎著

Heal yourself and love yourself

中华工商联合出版社

图书在版编目(CIP)数据

家庭系统疗愈：核心概念及真实疗愈个案集 / 赵中华著. -- 北京：中华工商联合出版社，2023.7

ISBN 978-7-5158-3721-5

Ⅰ.①家… Ⅱ.①赵… Ⅲ.①心理咨询－案例 Ⅳ.①B849.1

中国国家版本馆CIP数据核字（2023）第140948号

家庭系统疗愈：核心概念及真实疗愈个案集

作　　者：赵中华
出 品 人：刘　刚
责任编辑：胡小英
装帧设计：金　刚
排版设计：水京方设计
责任审读：付德华
责任印制：迈致红
出版发行：中华工商联合出版社有限责任公司
印　　刷：文畅阁印刷有限公司
版　　次：2023年8月第1版
印　　次：2023年8月第1次印刷
开　　本：710mm×1020mm　1/16
字　　数：200千字
印　　张：14.5
书　　号：ISBN 978-7-5158-3721-5
定　　价：58.00元

服务热线：010－58301130－0（前台）
销售热线：010－58302977（网店部）
010－58302166（门店部）
010－58302837（馆配部、新媒体部）
010－58302813（团购部）
地址邮编：北京市西城区西环广场A座
19－20层，100044
http://www.chgslcbs.cn
投稿热线：010－58302907（总编室）
投稿邮箱：1621239583@qq.com

前言

PREFACE

我们常说："三十年河东，三十年河西。"现在对这句话，我又有了新的理解。在我们这个迅猛发展的时代，不需要三十年时间，社会就会发生翻天覆地的变化。随之而来的是更多新的挑战，夫妻矛盾、抑郁、焦虑、上瘾、沉迷网络、亲子关系紧张等一系列的心理困惑逐渐进入我们的视野，人们急需寻求解决之道，从而引发后现代心理学的传播，让心理疗愈成为人们内心的需求和渴望。

约瑟夫·坎贝尔说我们有三种不同的人生："村民生活""沙漠流浪""英雄之旅"。

"村民生活"指的是我们毕业后找份工作，结婚生子，赚钱买房、买车，退休养老，最后死亡，这也是很多人的人生轨迹。

"沙漠流浪"就是当我们到了一定的年龄，逐渐失去了生活的热情和创造力，开始沉迷于赌博、酗酒，上瘾，精神处于抑郁、焦虑中，就好比我们被放逐在沙漠当中，迷失了方向，失去了自我，在沙漠中流浪，无助地度过我们的余生。

"英雄之旅"指的就是我们可以活成自己人生的"英雄"，在某个时间，遇见了某个人、某件事，他触碰了我们内在深处的灵魂，让我们听到来自生命的召唤，让我们带着好奇去探索自己的内在，告诉我们自己，我们的人生不应该这样，然后像一个勇士一样去冒险，去探索，去成长，勇敢地对自己说：我可以活成我自己的英雄之旅，开启我的全新篇章，实现我人生的意义与价值。

我还清晰地记得10年前第一次走进上海“乔·吉拉德”演讲会的感受，我第一次感受到80多岁的老人，还可以去全世界演讲，分享他的人生故事，而不是像我家乡的老人那样坐在树下慢慢老去，在那一刻我被深深地触动了，我告诉自己，这才是我要的人生。

我开始思考我是谁？我从哪里来？我要到哪里去？究竟是什么在影响着我的生命，是什么样的经历让我形成这样的人格，带着这样的好奇，开启了我的疗愈师旅程，我开始不断探求：亲密关系、亲子关系、父母关系、自我关系、原生家庭等方面的问题根源。

我将自己多年的学习体会和实践经验总结成这本书，希望能够帮助读者对“家庭系统疗愈”课程架构有一个全面的认识，让大家能够从系统的角度看待家庭和自我，用新的视角解决家庭的问题，同时我也希望结交更多的心理学爱好者，和大家一起彼此同修，共同成长。

我要感谢我的老师们，让我可以站在巨人的肩膀上成长，在此对他们表达我真诚的感谢（排名不分先后）。

——Jeffrey 博士 艾瑞克森催眠

——Stephen Gilligan 博士 催眠疗愈导师班

——Tony Buzan 思维导图

——Bert Hellinger 伯特·海灵格

——NLP 执行师、导师班 李中莹

——萨提亚家庭治疗 林文采

——系统整合导师班（系统排列）郑立峰

—— Peter A. Levine 创伤疗愈

……

除了感谢我的老师们，我还要由衷地感谢我的案主们，在疗愈他们的同时，也在疗愈我自己，是他们的勇敢和慈悲深深地触动了我，让我可以在心理学领域不再孤单，就如同禅宗六祖惠能大师所说：本欲度众生，反被众生度。

在家庭中，我的爱人就是我的婚姻老师，我的孩子就是我的亲子老师，我的父母就是我的原生家庭老师，我的童年就是我创伤疗愈的老师，因为有了他们，让我在人生的路上如同有了一面镜子，可以照见我的人生，使我成长。就如同庄子所说：至人之用心若镜，不将不迎，应而不藏，故能胜物而不伤。这也是我终身修炼的方向。

那这本书为什么叫《家庭系统疗愈》呢？它和其他的心理流派有什么区别呢？那我要从其中三个关键词说起：

1. 家庭。我们聚焦的是家庭关系，因为家是我们的根。

2. 系统。那为什么要叫系统疗愈呢？因为我们隶属于系统当中，空气、水、大树、大海、爸爸、妈妈、同学、老师，我们只是系统中的一分子，所以我们都可以通过系统的所有一切来疗愈我们。当我们今天走进一个花园，被一朵玫瑰花吸引，其实玫瑰花也是在疗愈我们；当我们来到大海边，感受到海风、海浪，让我们无比地放松，而此刻大海就像妈妈一样疗愈我们，所以大自然系统也在疗愈我们，这就是系统的力量。

3. 疗愈。我们每个人最终都需要走向自我疗愈的旅程，正如荣格所说：30岁之前我们把自己交给别人，失去了自我，而30岁之后我们可以把爱和疗愈带给自己，开启我们全新的自我疗愈旅程。

所以我这本书涉及三个核心：家庭、系统、疗愈，而这本书也是我的一些学习体会和我的经验总结，希望能够以书会友，不当之处还希望大家指正，再次表示感谢。

目录
CONTENTS

第一章 家庭系统概念

第二章 个人系统：一切从认识自己开始

第三章 亲子关系：以分离为目标的爱

第四章 伴侣关系：彼此成就的爱

第一章

CHAPTER 1

家庭系统概念

系统的概念

系统指的是一种全局的思维，比如以我的角度去看待系统就是由我、他人、事情、物品、环境等一系列元素构成的，而系统与系统之间是相互关联、相互影响的，同时系统是无处不在的。最大的系统是宇宙，我们都生活在这个系统中。

家庭系统指的就是所有的家庭成员，而家族系统就包含了整个家族的成员，包括去世的和在世的所有成员，他们都属于整个家族。夫妻系统指的就是你和你的伴侣，而兄妹系统指的就是哥哥和妹妹的关系，**所以当我们要处理问题时，一定要先弄清楚对方要探索哪个系统**，或者解决系统的问题，只有分清楚了哪个系统才能直达问题的本质。

每一个系统都有各自的法则、规律与道，要读懂系统就要懂系统法则，**顺势而为，与道同行**。

我们在心理辅导疗愈的过程中，如果案主希望解决亲子关系问题，我们不能只是简单地关心案主和孩子的问题，而要知道一个问题的产生，是由很多因素引起的，它是一个系统问题，其中关系到个人系统、家庭系统、家族系统，他们之间都是有关联的。比如我有一个案主来找我咨询亲子关系问题，最终我们发现他们的亲子关系和他们的夫妻感情不和、案主和她父亲的关系恶劣都有关联，**当我们能够用一个系统的角度看待问题的时候，你就能以全局的角度与视角去看待一个局部问题，**从而看到更多的可能性。

我们看到一把椅子，而这把椅子原来是森林里的一棵树，通过伐木工的开采，再通过切割、改造、塑形、油漆、安装等工序最终才成为一把椅子，而那棵树是通过一粒树的种子，在阳光雨露中才长成的参天大树，这就是从系统的角度来看待问题，是一种全局思维。

系统总是在变，总是向前

1. 系统总是在变

很多人不理解为什么配偶总是会变？为什么孩子会变？大家应该明白没有谁是不变的，人作为一个系统，就是会一直发生变化。只有掌握系统的规则，我们才能掌握“道”，了解什么叫智慧。大自然每一秒都在变，每个人也会不断变化，**而很多人的痛苦来自不希望他变，不承认他变，不跟着对方的变化而变化**。

一对夫妻结婚时，老公对老婆许下誓言：我会爱你一辈子，疼你一辈子。老婆非常感动，与他携手走进了婚姻殿堂，婚姻初期双方确实很幸福，老公也确实信守了诺言，可是几年之后，老公没有那么浪漫了，也没有那么亲密了，这时老婆就痛苦地说：老公你怎么不爱我了？然后开始争吵，直至冷战。痛苦的原因是什么？因为老公每一天都在变，第一年的需求和第二年的需求是不一样的，女人也在变，刚开始是嫁给爱情，随着孩子的诞生，婆媳关系的挑战，很多新的问题扑面而来，环境变了，需要女人**随着环境的改变而改变，这就是老子所说的“道法自然”**。

人的烦恼如果用两个字概括，我认为“我执”是最合适的，“我执”的核心就是不愿意变，孩子小学考试100分，父母很高兴，而到了中学只有80分，父母就开始痛苦，为什么呢？因为父母还是活在孩子的小学阶段，而看不到现在孩子的学习难度提升了，因此产生痛苦。父母需要随着孩子的成长一起成长，看到孩子学业难度的提升及孩子的努力，看到孩子80分还有很大进步的空间。

孩子小时候，父母哄一哄、吓一吓孩子就乖了，可是孩子到了青春期，父母发现这些方法不管用了，父母就开始痛苦了，其实背后反映的是父母的教育能力没有随着孩子的成长而提升，说明父母需要成长了，父母需要改变了，而有些父母不能跟上孩子成长的步伐。

所以说系统总是会变的，不变是不可能的。而且系统总是会向更好的方向发展、前进和壮大。这就是系统隐藏的法则。

2. 系统总是向前的

系统的特点总是往“前”发展。以我为例，爷爷把生命传给爸爸，爸爸把生命传给我。爷爷已经去世，爸爸也会离去，有一天我也会离开这个世界。我会把生命传给子女，子女还会把生命传给后代。人生就像一根链条，会不断地延续下去。系统也是这样，一直往前发展。

我们一定要相信一代更比一代强，而很多的父母往往不相信孩子，否定孩子，质疑孩子。很多父母的口头禅是 “我吃的盐比你吃的饭还多。”**这句话反映出父母对孩子的不信任**。父母不能要求10岁的孩子达到40岁的阅历，回忆一下当年10岁的自己和现在10岁的孩子相比，谁懂得多一点？比如对于一些电视或者电子产品的事情，我妈妈还需要请教我8岁的孩子。所以**孩子一代应该比一代更聪明，**不然我们人类无法取得今天的成就。我经常说孩子是没有长大的大人，大人很多时候是没有长大的孩子，所以很多家长的焦虑是多余的，都是和自己的“我执”有关。

家族系统概念

家族系统指的是整个家族成员。家族系统里面有两类人，包括血缘关系和非血缘关系。

血缘关系是指直属亲属，爷爷、奶奶、爸爸、妈妈、兄弟、姐妹等都是有血缘关系的人，而容易被忽略的是被遗忘的人、被流产的孩子、被送养的孩子，其实他们都是家族里的一分子，都应该在家族里面有自己的位置，**当每个人都能回归到自己的位置，承认其位置，这就称之为家族的整体。**

非血缘关系是指在家族系统里面，虽然没有血缘关系，但他们对我们的人生起到过重大影响的人，包括以下几类人：

1. 位置让出

比如父母离婚或者伴侣其中有一个意外去世，又重新组织了家庭，后爸或者后妈在养育孩子过程中付出几十年甚至更多时间，那这个人也是家族系统里面的一分子。或者某个邻居在你小时候，对你照顾特别多，时间很长，并且影响很大，这些人都是影响你生命的人。

2. 生死之交

比如我的一个讲师朋友，他小时候从火车上坠落下来，火车从大腿上压了过去，失去了双腿，火车上一位爱心人士及时把他送入医院进行治疗，他才得以保住了性命，我的朋友康复之后，他为了报答救命之恩千方百计寻找他的救命恩人，最终找到了这位恩人，之后他每年都会去看望这位救命恩人。因此对于我朋友来说，这位救命恩人也是他家族里面的一分子。

3. 意外死亡事件

比如某人的父母出现车祸，而那个车祸司机导致其整个人生都发生了改变，其家族系统都发生了改变，特别是影响到直系家庭成员，而后面的家族动力都有可能出现纠缠。

4. 遗产的承接

如果你继承了家族的财产，同时也继承了家族的动力，或者有一些不当的得利也会产生影响，比如爸爸喜欢赌博，债主找上家门，最后儿女替父亲还债，这就是一种承接。再比如父母非常有钱，父亲去世后留下巨额遗产，突然出现了一个私生子来争夺遗产，最后成功地分走了遗产，这也是一种承接，承接了他的系统。

人际关系和谐图

萨提亚模式是众多心理学流派当中非常有代表性的家庭疗愈的流派，通过系统学习萨提亚模式，我得到了很大启发，在萨提亚流派当中就提到了人际关系和谐图（详见图1-1）。

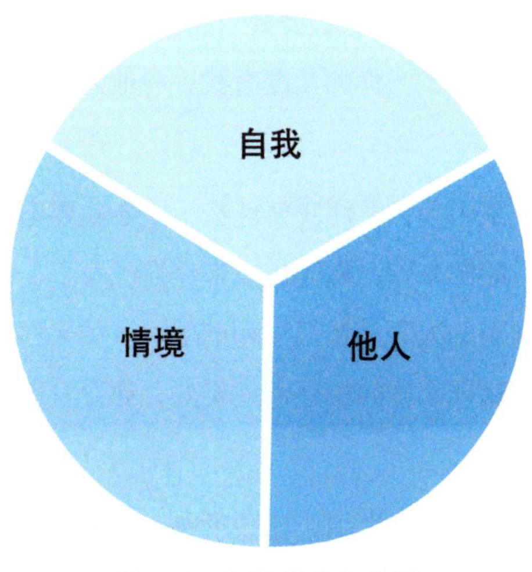

图1-1 人际关系和谐图

人际关系和谐图有三个板块：

“自我”指的是焦点在我的身上，我的需求，我的渴望，我的行事方法，我的信念……

“他人”指的是和你互动的人，比如你的孩子、伴侣、同事、客户……

“情境”指的是除了我和他人一切的环境……

我们想要人际关系和谐，需要处理好我与他人、与情境的关系。如果一个人把注意力全部放在自己身上，那么这个人的人际关系就很难和谐，比如我是湖南人，今天我邀请大家到我们家来吃饭，其中有上海人或福建人，我全部都按湖南口味做菜，每个菜都很辣，客人心里都会认为我不尊重他，也不欢迎他，下次肯定不会来了，我们的关系就不和谐了，因为我所有的焦点都在自己身上，我不管客人喜不喜欢吃辣椒，反正我要吃辣椒，这也是“我执”的表现。

如果在家庭关系中，老婆固执地认为老公就要疼我、理解我、爱我、包容我、钱由我来保管，这个老婆心里只有自己，忽略了老公和情境，所以夫妻关系很难和谐，婚姻必须是我先喂饱你，然后你再喂饱我，这样才能从平衡的角度去发展，所以老婆要思考老公要什么？老公的需求是什么？他需要什么样的爱？当你的角度有我、有他人、有情境，夫妻关系才会发生改变。

如果在亲子关系中我只关注我要什么，比如我要你听话，我要你按时写作业，我要你按时起床等。你的焦点都在自己身上，他人和情境你都忽略了，所以你和孩子的人际关系很难和谐融洽。如果你能去询问孩子希望什么样的爱，希望用什么样的相处模式相处，你会发现你们的关系会得到改善。

一定要让孩子建立自我意识，让孩子有一些主见，如果全部都是父母说了算，孩子没有做主的权利，随着孩子年龄的增长，亲子关系就会出现问题。所以一定要给孩子一些做主的权利，只要不涉及重大的事情，家长可以让孩子学着做主，让他具备独立思考的能力。

关于情境，我想讲个故事：

有一天老师打电话给单亲妈妈，说她家孩子在班上玩扑克牌，影响了其他同学，需要她来学校一趟。妈妈非常生气，气冲冲地跑到学校。结果在学校的走廊上，发现了孩子，就质问孩子为什么这么调皮，情绪越来越激动，最后妈妈当着众多同学的面给了孩子一巴掌，还掐儿子的脖子。妈妈做完这一切，离开之后，儿子立马就跳楼了。

我在线下课上问现场的父母，你们觉得这位妈妈爱不爱孩子？全场回答这位妈妈爱孩子，我又问这位妈妈当着同学的面打孩子，请问孩子能不能感受到这位妈妈的爱？这个问题让很多家长陷入沉思。所以**爱得多不如爱得对**。如果这位妈妈私下和孩子谈谈，也许结果就不一样了，**所以情境很重要。你想得有多远，你想得有多宽，代表你的智慧有多高、有多深。**

所以NLP常说照顾了“三赢”就不会有后遗症，其实说的也是系统的全局思维，当我们在行为处世的时候，既要照顾我自己，也要照顾他人，同时更要照顾环境，而不是像个小孩子一样往地上一躺，我不管我就要，你们都需要来照顾我，我的脾气是不可能改变的，你们都需要来迁就我，那这就代表你的心智还需要成长。

家族系统的五大法则

1. 整体

钢琴能弹出美妙的音乐是因为它具备弦列、音板、支架、键盘系统（包括黑白琴键和击弦音棰，共88个琴键）、踏板机械（包括顶杆和踏板）和外壳共六大部分组成，少一个都不能发出声音，这就叫作钢琴的整体性。而我们研究家庭就要从一个整体的角度去看待，包括个人的整体性、家庭的整体性、家族的整体性。

这种整体性意味着每一个零件的问题都会影响整体的性能，就像“蝴蝶效应”，美国气象学家爱德华·洛伦兹（Edward N.Lorenz）1963年在提交的一篇论文中分析了这个效应。“一位气象学家提及，如果这个理论被证明正确，一只海鸥扇动翅膀足以永远改变天气变化。”在以后的演讲和论文中他用了更加有诗意的蝴蝶。对于这个效应最常见的阐述是：“一只南美洲亚马逊河流域热带雨林中的蝴蝶，偶尔扇动几下翅膀，可以在两周以后引起美国得克萨斯州的一场龙卷风。”

其原因就是蝴蝶扇动翅膀的运动，导致其身边的空气系统发生变化，并产生微弱的气流，而微弱气流的产生又会引起四周空气或其他系统产生相应的变化，由此引起一个连锁反应，最终导致其他系统的极大变化，他称之为混沌学。不起眼的一个小动作就能引起一连串的巨大反应。

而家庭的每一个成员之间都存在“蝴蝶效应”，比如父母离婚可能会对孩子的成长和发展产生方方面面的影响，甚至会影响到双方家族及家族系统成员的感情，或者还有其他家庭成员也会受到不同程度的影响，**夫妻离婚带来的不仅仅只有夫妻之间关系的改变，而其实是每一个家庭成员都会受其影响。**

2. 平衡

平衡是一个大智慧，老子说“**为学日益，为道日损**”，一进一退即平衡。佛学说 “不生不灭，不垢不净，不增不减”也是平衡，平衡也是我们家庭系统疗愈非常重要的理念之一。

所有的不平衡都会在平衡中平衡。**对一个家族系统来说，只有平衡了，才能和谐。**那么什么是平衡？比如A请B吃饭，想向B请教一个问题。在吃饭过程中，B对A提出的问题避而不谈，吃完饭就走了，这时候A和B的关系就会出现不平衡。如果在吃饭的过程中，B了解到A的困惑，主动分享经验，使A得到很大的启发，A和B都有付出和收获，两个人就会感到平衡。

再比如亲子关系平衡问题，孩子小时候都听父母的，穿什么衣服，剪什么发型，上什么样的兴趣班，吃什么东西，全部都是父母做主，你觉得孩子是什么样的感受？这就是极度的不平衡，所以孩子长大后，叛逆是必然的，**因为所有的不平衡都会在平衡中平衡。**

8岁的小女孩过生日，父母给孩子买了蛋糕，也插上了蜡烛，妈妈说：

今天是你的生日，我可以实现你一个愿望。小女孩说太棒了，马上双手合十说妈妈我要吃冰激凌。妈妈马上说，吃冰激凌对身体不好。小女孩嘟起嘴说妈妈怎么说话不算数，妈妈说我都是为了你好，除了冰激凌，其他都可以。小女孩马上双手合十说那我要喝冰可乐，妈妈马上又说不可以，可乐喝了对身体不好。小女孩立马脸就拉下来了，说妈妈又说话不算数，妈妈说，我都是为了你好，除了冰激凌、可乐，其他的可以……最终孩子说，那还是妈妈你做主吧，我都听你的……

所以我经常开玩笑说，**最伤孩子的话中就是这句话："我都是为你好。"**这样的关系就是很不平衡，都是妈妈在做主，我们可以推测这个小女孩长大之后和妈妈的关系就很有可能会出现爱的纠缠问题。

3. 序位

序位指的就是位置。

那序位对家庭有什么影响呢？我用楼层来举例，如果爷爷奶奶在二楼，那父母就在一楼，子女就在负一楼，如果二楼漏水了，我们修一楼，你觉得能修好吗？所以要从二楼开始修。

一切源于爱，一切始于爱，家庭因爱而开始，同时也是因爱而产生痛苦，当爱无法流动，就会产生纠缠，而这份不能流动的爱，很大的原因就是**序位不清，身份错位导致的**。

很多夫妻刚结婚时关系不错，有了孩子之后，妈妈把注意力全部放在孩子身上，完全忽视了老公，却说都是为了孩子好，渐渐地两人的关系发生了改变，妈妈心中孩子的位置大于伴侣的位置，这就是序位不清，也叫身份错位，我发现这个问题对家庭的影响非常大，会引发爱的纠缠问题。

例如，夫妻因为某些原因离婚，儿子判给了妈妈。妈妈暗暗发誓说我一定要给孩子最好的爱，甚至不再寻找伴侣，把自己的一切都奉献给了孩子，孩子成长过程中发现妈妈很不容易，为自己付出了太多，于是开始同情妈妈，想去弥补妈妈，其实这个时候孩子的位置很有可能到了爸爸的位置了，而妈妈一直这样奉献自己不找伴侣，也很有可能把儿子当成了理想伴侣去培养，当出现了这种序位不清时，爱就会出现纠缠，而亲子之间的爱就无法流动，从而产生一系列的困惑。

还有与父母之间的序位，与兄弟姐妹之间的序位，都是需要我们去发现、去探索的，当子女总是想改造我们的爸爸妈妈，其实也是序位不清。而我们在系统当中序位出现了混乱，往往当事人是很难察觉的，所以通过我们的个案现场呈现出来的时候，很多案主都难以相信，当案主回到自己的位置的时候，对很多案主的触动非常大，很多人都有轻松的感觉。

4. 流动

家庭的主题是关于爱，那爱的核心是什么？是流动。比如我给儿子买一个心爱的玩具，儿子回复我一个甜蜜的吻，这就是爱的流动；老婆为我洗了衣服，我说了一声老婆你辛苦了，谢谢你，这也是爱的流动；父母把我养大成人，过年我给父母买新衣服，再给父母包个大红包，这也是爱的流动。

而家庭的困境往往是因为爱没有流动起来，往往很多的关系出现了纠缠，就像我有一个案主，孩子待在家里1年不出门，和爸爸没有交流，这是为什么？是爱无法流动了！爸爸一定是爱孩子的，为了爱孩子，把孩子送到了戒网瘾学校，可是这样爱的行为对孩子造成了很大伤害，而孩子也是爱爸爸的，不然孩子不会待在家里，而且还在默默地关注家庭的变化，父母的变化……所以他们都是彼此爱着对方，那障碍是什么？就是爱的方式出现了问题，让爱无法流动，如同一潭死水没有了活力与流动性……

5. 事实

疗愈师很重要的工作就是要帮助来访者看清事情的真相，尊重事实本身，所以在家庭系统疗愈师7大核心步骤里面有一点就是呈现，就是看到事情的本质，现实中有些人活在自己幻想出来的世界里，我们要帮助他们走出自己幻想的世界，看到事情的真相。

很多妈妈来求助我，想改善他们的亲子关系，或者伴侣关系，她们都很困惑：我这么爱孩子、老公，他们为什么对我这么冷淡？伤害我，甚至恨我！我想不通，我也想不明白，所以我非常痛苦。

那案主为什么这么痛苦呢？因为她以为这样的“爱”就是“爱”，对方却不认为这是爱。比如，妈妈每天让孩子做作业4个小时以上，并且要求孩子坐直、坐正，不能开小差，不能玩笔头。我知道妈妈是希望孩子好好学习，我也知道学习很重要，但是这样的爱真的是爱吗？你问过孩子的感受吗？当孩子不学习的时候你是怎么陪伴他的？孩子是如何来感受你的爱的？如果父母想知道自己是不是合格的父母，我建议大家找一个机会让你孩子给你打个分，最高分是10分，最低分是1分，通过分数**你就能看清事实的真相，看一看你的爱在孩子那里的回应是多少分。**

当我在线下帮来访者做个案时，听到儿子大声地喊出“妈妈我恨你”时，妈妈的身体是颤抖的，因为她不敢相信自己最爱的孩子这么恨自己，对于妈妈来说如同晴天霹雳，此时妈妈才真正地看到事实的真相，内心受到极大触动，只有这时，母子双方才**让爱从纠缠走向流动。**

冥想疗愈

我带领大家做一个关于家族系统的冥想疗愈，首先我们找到一个安静的环境，确定不被打扰。

然后慢慢地站起来……轻轻地闭上眼睛……把注意力放在你的呼吸上……慢慢地吸气……慢慢地吐气……放松脸颊的肌肉……放松紧锁的眉头……放松你的肩膀……想象你的肩膀如同冰块一样融化……放松……双手自然垂下……放松你的腰部……放松你的大腿……放松你的小腿……感觉双脚踏在地板的感觉……去感受身体的每一种感受……完完全全地放松下来……

当你感觉到自己完全放松之后……想象你的爸爸出现在你的对面……回忆一下你爸爸的模样……也许你和爸爸之间发生了一些事情……或者还有一些不愉快的事情……但是今天我们只站在生命的角度去看待……去连接……然后我们看着爸爸说……爸爸感谢您给予我生命……让我来到这个世界……谢谢你！我爱你！同时也想象爸爸的背后……站着爷爷奶奶……

爷爷奶奶的背后站着整个父系家族……然后看向他们说……感谢历代祖先给予我生命……让我来到这个世界……谢谢你们……我爱你们……（可以的话鞠躬表示感谢）

然后再次想象你的妈妈出现在你的对面……回忆一下你妈妈的模样……也许你和妈妈之间发生了一些事情……或者还有一些不愉快的事情……但是今天我们只站在生命的角度去看待……去连接……然后我们看着妈妈说……妈妈感谢您给予我生命……让我来到这个世界……谢谢你……我爱你……同时也想象妈妈的背后站着外公外婆……外公外婆的背后站着整个母系家族……然后看向他们说……感谢历代祖先给予我生命……让我来到这个世界……谢谢你们……我爱你们……（可以的话鞠躬表示感谢）

深深地吸一口气……连接这份力量与爱……然后再慢慢地醒过来……回到当下。

真实疗愈个案

好的家庭氛围从自己快乐开始

案主：女士，43岁，想改善与姐姐、爸爸、妈妈的关系。

赵中华：你想做什么主题？

案主：希望改善和家人的关系。

赵中华：你结婚几年了？

案主：结婚20年了。

赵中华：有几个孩子？

案主：有3个孩子，一个女儿，两个儿子，女儿19岁，两年前得了抑郁症，前年休学一年，去年回到学校，但不到一个学期就又回家了，今年刚开学不久就请假了，她不愿意回学校了。

赵中华：你认为是什么原因导致她抑郁呢?

案主：自从老二出生之后，我们对她的关注和关心太少了。

赵中华：你知道你女儿为什么会抑郁吗?

案主：不知道。

赵中华：你每天开心吗?

案主：我觉得我不是很开心，但我觉得心情也不是太差，没有很悲伤或者很难过的情绪。

赵中华：你笑容多吗?

案主：不太多。

赵中华：在家庭里面，如果孩子有一些不好的症状，可能和父母的状态有关，比如说妈妈有抑郁症，孩子也容易有抑郁症，而妈妈自己并没有觉察，但我不能确定你女儿是这个原因，从你走进来时，我就感觉你心里有很多话要表达。

案主：生活比较平静，没有什么开心的事，而且有很多事情我要去面对和解决。

赵中华：其实人生当中乐趣可多了，快乐的事情可多了，只是你没有感受到，可能与你的童年经历有关，你小时候发生过什么印象比较深刻的事?

案主：我们家是一个多子女家庭。我在家里排第五，我有一个哥哥，三个姐姐，还有一个妹妹，小时候我就觉得在家里没有什么存在感，一般都很少说话。

赵中华：一般像这种多子女家庭，夹在中间的孩子就往往容易被忽视。

案主：我10岁时，就记得家里总是在吵架，要么是父母在吵，要么是我妈和我奶奶在吵，或者是我妈和我嫂子在吵，我有时会一个人走到外面，会想如果这个世界没有我，会不会不一样，我觉得我有些抑郁。我结婚后，我姐姐被我姐夫杀了，正好那段时间，我和我老公也经常吵架，我也是感到很抑郁，去找心理医生聊过两次，没有太好的效果。我今天来，就是想探索一下我抑郁的原因，也想发泄一些负面情绪。

赵中华：你觉得你的负面情绪来自哪里？

案主：来自我爸爸，我爸爸经常出门打工，我们交流很少，但我觉得他很嫌弃我，我妈妈生完我姐姐就不想再生了，但我爸爸说他命中应该有三个儿子，所以还想再要孩子，但我偏偏又是女孩。

赵中华：讲一下你的妈妈。

案主：我的妈妈很勤奋，也很聪明，她生了这么多孩子，我觉得她很辛苦。

赵中华：你有一种忧郁的气质，我不知道背后是什么原因。

案主：可能是因为我小时候缺爱。我记得我小时候有一次从二楼阳台上摔下来，摔得我后背很痛，但是没有人过来扶我一下，也没人关心我，所以我从小到大很多问题都学会自己去处理。

赵中华：我感觉你的这种忧郁对你的孩子影响挺大的。

案主：是的，我也知道生活中有很多快乐的事情，但是我找不到那种快乐的感觉。

赵中华：你眼中有泪光，是什么原因？

案主：我第一次和别人讨论我自己的问题，感觉找到一点共鸣。

赵中华：感觉你被看见了，是吧？

案主：是的。

赵中华：那我们来排列一下你的原生家庭。

• 排列呈现

（引入案主代表、爸爸代表、妈妈代表、大哥代表、大姐代表、二姐代表、三姐代表、妹妹代表）

赵中华：大家跟着感觉移动一下（见图1–2）①。

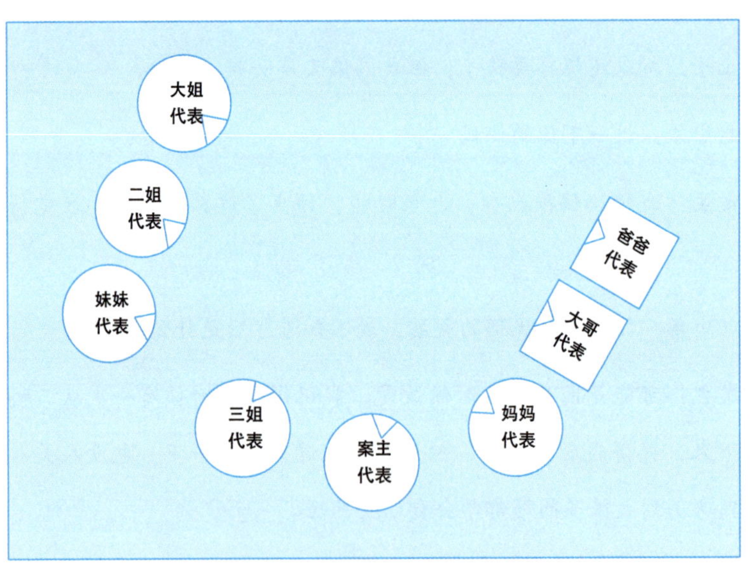

图1–2 各位代表排列呈现

赵中华：大家都有什么感觉？

案主代表：我感觉有点孤独，特别无助，很不开心。

---

① 本书个案中的代表都是请真人作为代表，图中圆形代表女性，方形代表男性，三角代表眼睛注视的方向。

大哥代表：我想和妈妈更亲近一点，和爸爸关系也不错。

赵中华：你选了一个穿一身黑衣服的人作为你的代表，同时这个代表也感觉到孤独，说明你很多时候是被忽略的，没有被看见，没有被赞美。我们再引入忧郁代表、童年经历代表和其他可能性代表，看看你的忧郁和什么有关。

• 排列呈现

（引入忧郁代表、童年经历代表、其他可能性代表）

赵中华：大家跟着感觉移动一下（见图1–3）。

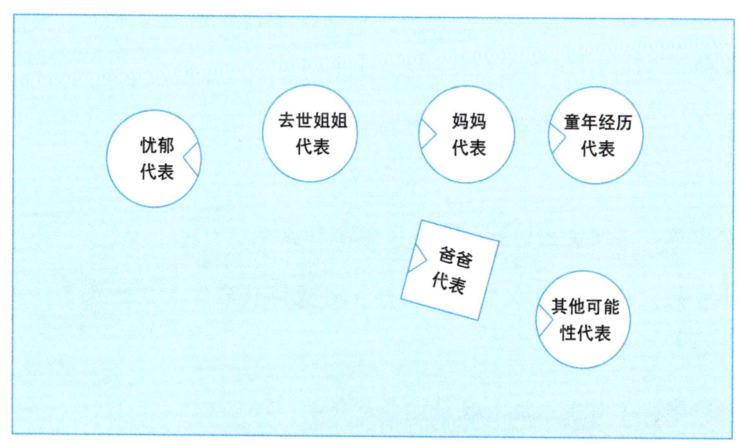

图1–3 各位代表排列呈现

赵中华：大家有什么感觉？

忧郁代表：我现在感觉全身发热，然后感觉到很无助。

赵中华：其他可能性代表走开了，忧郁代表一直盯着你去世的姐姐，说明你的忧郁与你去世的姐姐有关，包括你孩子的忧郁，都和这件事有关系，这个叫家族的动力。你姐姐去世后你去祭奠过吗？

案主代表：没有，因为她的墓地已经找不到了。

赵中华：怎么会找不到呢？

案主：她的后事是我姐夫家的人办的，我姐姐留下两个孩子，等她的孩子大一些了，我想带孩子们一起去祭奠我姐姐，结果我姐夫家的人说在一片树林里，但已经找不到具体的位置了。

赵中华：你姐姐是你家族的一分子，不应该是这样的结果，连葬在哪里都不知道，被大家遗忘了。假设你是你的姐姐，被杀了，却没有一个人知道葬在哪里，你会甘心吗？

案主：肯定是不甘心。

赵中华：如果想去祭奠你姐姐，你总会有办法的。你姐姐可能为家族承担了很多，任何一个家族里面意外去世的人，其实都是为这个家族承担了很多，为家族作出了巨大的牺牲。但整个家族却把她遗忘了。有什么话想对姐姐说？

案主：姐姐，两个孩子我已经帮你养大了，他们已经可以自立了，你就放心吧。

赵中华：（问去世的姐姐代表）你有什么感受？

去世姐姐代表：我感觉比较平静，我觉得我已经看见妹妹了，我希望妹妹过好自己的生活。

赵中华：（对案主说）我带你说几句话。

老师带着案主一起说

姐姐，你永远是我们家族的一分子，谢谢你照顾我很多，你为我们家族作出了巨大的贡献，家族里永远有你的位置，姐姐，我爱你。姐姐，我想以你的名义做一些事情，为了祭奠你，我以你的名义种一棵树。

赵中华：说完这些话，你有什么感觉？

案主：身体有点发热，有那种麻的感觉。

赵中华：你还有什么话对姐姐说？

案主：姐姐，非常抱歉，当年我还不太有担当，我应该给予你更多的帮助，我很后悔当时没有好好地去了解和关注你的生活状态，我觉得我还可以做得更多，但我却什么都没有做。最近这几年，我觉得我一定要帮你，我帮你带大了你的孩子，但是你已经永远回不来了，我内心有一份很大的愧疚。

老师带着案主一起说

姐姐，我很愧疚，对不起，总有一天我们会相见，也许是50年之后，也许是80年之后，我们团聚的时候，我一定好好珍惜你，姐姐，我爱你。

赵中华：去世姐姐代表流泪了，为什么？

去世姐姐代表：听到妹妹说爱我时，我很感动，我感觉妹妹很孤独。

赵中华：看来你的忧郁和你姐姐去世有一定的关系，但同时也和你父母有一定关系，我带着你和爸爸说一些话。

老师带着案主一起说

爸爸，我想让你多关注我一点，我感觉我在家里面很孤独，甚至我觉得我是多余的。我不是儿子，所以我一直想证明我比儿子更优秀，我一直想得到你的认可，而你竟然连我读几年级都不知道，我考试考第一名你也不知道，我做的所有努力你都看不见，你只关注你自己，每次回家你只关注你自己，从来没有问过我好不好，爸爸你这样忽视我，让我很愤怒，我觉得你太自私了。

赵中华：爸爸代表想说什么？

爸爸代表：我感觉女儿真不容易，对不起，女儿，我错了，我一直没有看到你的努力。

案主：我一直都不认同你，我觉得你怎么会是我的父亲？为什么我生在这样的家庭？我很不开心，我不知道我该怎样表现才能得到你们的爱，我该如何生活下去？无论是物质还是精神，我都得不到，我表现得很好，从小到大我的表现都很好，但却从来没有得到你们的关注，现在你已经80岁了，每次我回家，你只是和我说你哪里不舒服，希望我带你去看病，想要我的照顾，却从来没有问过我过得好不好。

赵中华：你不快乐的根源是因为原生家庭对你的关注太少了，你成绩好却没有被看见，你一直希望爸爸对你说一句什么话？

案主：你是我的骄傲。

爸爸代表：你是我的骄傲，你是我的骄傲，你是我的骄傲。

案主：爸爸，我想问你，你为什么不爱我？为什么不关注我？

爸爸代表：孩子太多了，我关注不过来。

案主：我也是你的孩子，我也需要爱。

赵中华：也许他是爱你的，只是你没有感受到！

老师带着案主一起说

爸爸，你是爱我的，只是我没有感受到，谢谢爸爸，我爱你。

赵中华：你有什么话想对妈妈说吗？

案主：妈妈，谢谢你，你这么多年太辛苦了，你真的忍受了很多的委屈，为了养育我们，你很辛苦，现在我们都已经长大了，我有能力照顾好自己，所以希望你好好地照顾好自己。

赵中华：你小时候对妈妈有什么愿望？

案主：我希望她和爸爸能够和和美美地生活。

赵中华：你这是拯救者的心态，你希望自己拯救妈妈，让她生活幸福。现在我用催眠方式给你疗愈一下。

你先关注一下自己的呼吸，关注自己的身体、自己的双脚，感觉双脚踏在地板上，闭上眼睛，我想告诉你，你不需要活成别人想要的样子，你从小很听话，听爸爸的话，听妈妈的话，考试第一名，你做的这一切都是活成别人想要的样子，想要快乐的你去哪里了？想要玩耍的你去哪里了？那个你一直躲在后面，今天终于被看到了，原来你也爱玩耍，你也想做自己，这么多年你辛苦，今天你终于找到了真实的自己。现在你做一个代表放松自己的姿势，保持这个姿势，想象这个姿势做完之后，在你的身体里面像一朵莲花一样开始绽放，你可以不完美，你可以做一个不完美的妈妈，你可以做一个不完美的女人。

爸爸代表：女儿，你可以不完美，就算你不完美，我也爱你，就算你不完美，我也爱你。

赵中华：借助这个姿势，想象自己现在来到了一片大森林，呼吸来自森林的氧气，想象有一道阳光洒在你的身上，穿过你的头，穿过你的皮肤，进入身体的每一个地方，让那个曾经忧郁的气息就像雾气一样向外散发，你就像一只小鸟一样自由飞翔。你可以做自己，你完全可以做自己，你可以做不完美的自己，你可以做喜欢的事情，记住这个姿势，它将成为你生命中最重要的一个姿势，每当你想起这个姿势，你就会打开自己，每当你做到这个姿势，你就可以做自己，你可以做不完美的自己。非常好，再做一个深呼吸，然后再把手放在胸口，对自己说，亲爱的自己，我爱你，今天我终于不用这么累了，我可以做自己，我爱你。

只有你快乐了，你的女儿才会快乐，先改变你自己，你现在感觉怎么样？

案主：感觉很好，我的确是比较压抑，自我要求比较高，害怕自己表现得不好，包括结婚之后，我要求自己尽量做一个完美的贤妻良母。以后我不要求自己一定要几点起床，几点洗澡了。

赵中华：包括家里也不用收拾得特别整齐。今天给你布置两个作业，第一个作业，去祭奠姐姐；第二个作业，每天找一个很安静的环境，然后配合轻柔的音乐，放松身体，对自己说四句话，我看见你了，我可以不完美，我接纳你，我爱你！坚持63天。

赵中华洞见

案主心地善良，很小就想拯救父母，她希望用自己优秀的表现赢得家庭的幸福，暗暗告诫自己：我要乖，我要听话，我要拿第一名！正是这样的暗示让她失去了自我，从小就失去了童年的快乐，那个想玩耍的、可爱的、调皮的自己没有了。我发现案主是一个很有气质的女人，但她感受不到生活的快乐，让我看到一个活得不真实、不快乐的她，这个她和她童年的经历有关。

案主的女儿得了抑郁症，她的抑郁不是一个因素导致的，和案主的精神状态有关，和家族其他的人有关，和家庭氛围有关，要改变这种状态，需要家庭每一个成员都能做到让自己快乐起来，这是家庭每个成员的责任，就像我经常说：快乐是自己的事，别人给不了。当妈妈快乐了，家庭的成员也许会受影响而变得快乐起来，我们祝福妈妈，祝福她的孩子，祝福她的家族。

丈夫不可以代替父亲

案主：女士，33岁，希望处理家庭关系。

赵中华：你想做什么主题？

案主：调节家庭的关系。我曾经做过三次流产，其中第二次已经怀孕四五个月了，因为婆家重男轻女，就一定让我打掉这个孩子，我心中一直很难过。

赵中华：你现在想到这件事就有很大的愧疚，是吗？你夫妻感情怎么样？

案主：夫妻感情不好，要不是因为孩子，我早就离婚了。

赵中华：这句话的背后就是儿子和女儿在为你背锅，意思就是妈妈都是为了你们才不得不忍受不幸福的生活，这句话暴露出你的小孩心态，你感觉你有多大了？

案主：我感觉自己30岁左右。

赵中华：一个30岁左右的人会说自己的不幸是别人造成的吗？只有孩

子才会说因为妈妈不买糖而不开心。你觉得目前你们婚姻最大的挑战是什么？

案主：是沟通有问题，一沟通就发火。

赵中华：举个例子。

案主：假设我给他打电话，我问他在家干什么了？孩子怎么样？他就开始发脾气，说女儿好像是和男孩出去玩了，他很生气，我说咱们管不了就别管了，我们保持心情好一些，他就说不要说了，然后就把电话挂掉了。

赵中华：你觉得夫妻关系重要还是亲子关系重要？

案主：我现在觉得夫妻关系重要，我一直努力修复我们之间的关系，很少发脾气，但他总不给我好脸色，他觉得我像孩子一样黏着他。

赵中华：你小时候和你爸关系怎么样？

案主：我小的时候和我爸的关系很好，因为我爸对我很好，我就总黏着他。

赵中华：所以长大后你也希望老公黏着你？

案主：对，我觉得为什么我爸对我那么有耐心，我老公对我就没耐心呢？

赵中华：原来你是想让老公当你的爸爸。简单说一下你的原生家庭。

案主：我的原生家庭还算比较幸福的，虽然我父母也吵架，但我爸会哄我妈，我妈性格比较急躁，喜欢抱怨，我爸就很宠我。

赵中华：你是比较典型的小孩心态，没长大。以后不要再和孩子说，因为孩子你才没有离婚，因为离婚是你们两个人的事，不需要和别人商量。你对老公的要求多吗？

案主：不多。以前我老公在外面工作，我自己在家带孩子。

赵中华：你说这句话时为什么有泪光？

案主：我觉得很委屈。

赵中华：委屈流泪就是没长大的表现。我们先来处理一下流产孩子的事。

• 排列呈现

（引入三个流产的孩子代表）

赵中华：大家跟着感觉移动一下（见图1–4）。

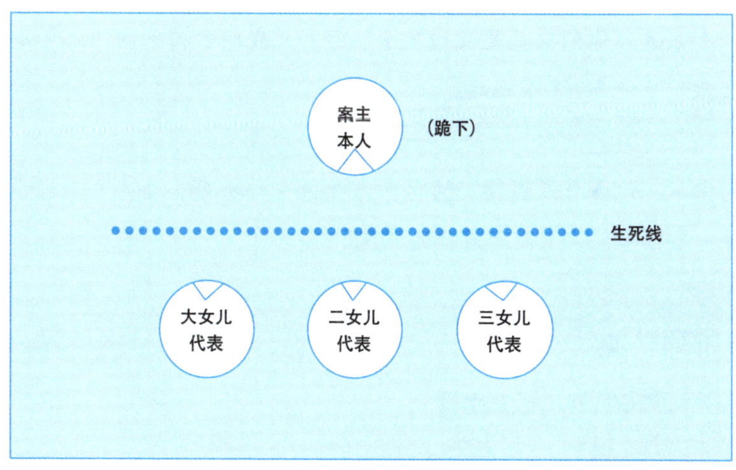

图1–4 各位代表排列呈现

赵中华：如果她们活着，会喊你一声妈妈，可是她们现在没有办法看到这个世界。有什么话对她们说？

案主：妈妈没能力保护你们。

赵中华：听到妈妈这样说，你们有什么感受？

流产孩子代表：很难过。

老师带着流产孩子一起说

妈妈，我想你，我也想来这个世界看看，我也想能亲口叫你一声妈妈。

老师带着案主一起说

孩子，我看到你们了，你们永远是我们家庭的一分子，我很抱歉。妈妈也很想你们，我永远不会忘记你们，在我们这个家里永远都有你们的位置，谢谢！妈妈永远把你们放在心里，永远在心里给你们留一个位置，你们永远是我的孩子，有一天我们会相见的，也许是80年之后，也许是100年之后。

赵中华：你要种三棵树，为每个孩子做一件善事，给每个孩子取个名字，抱一下孩子们。下面看看你的家庭。

• 排列呈现

（引入案主代表、老公代表）

赵中华：大家跟着感觉移动一下（见图1-5）。

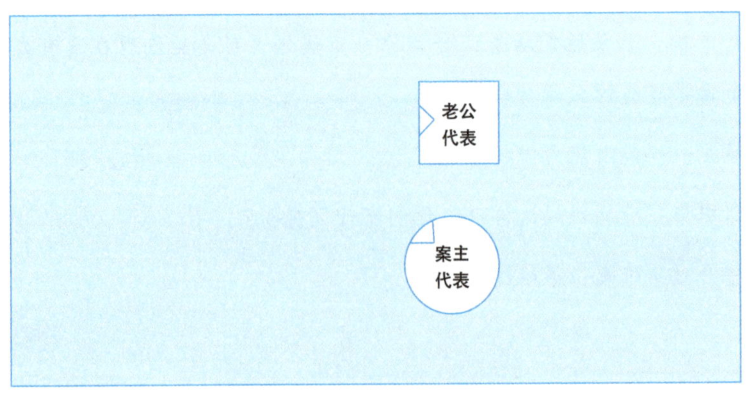

图1-5　各位代表排列呈现

赵中华：感觉你确实黏着老公多一些。老公代表什么感觉？

老公代表：有点紧张。

赵中华：案主代表什么感觉？

案主代表：我想靠近他。

赵中华：你爸爸对你越好，你对老公越挑剔。

• 排列呈现

（引入大女儿代表、小女儿代表、儿子代表）

赵中华：大家跟着感觉移动一下（见图1–6）。

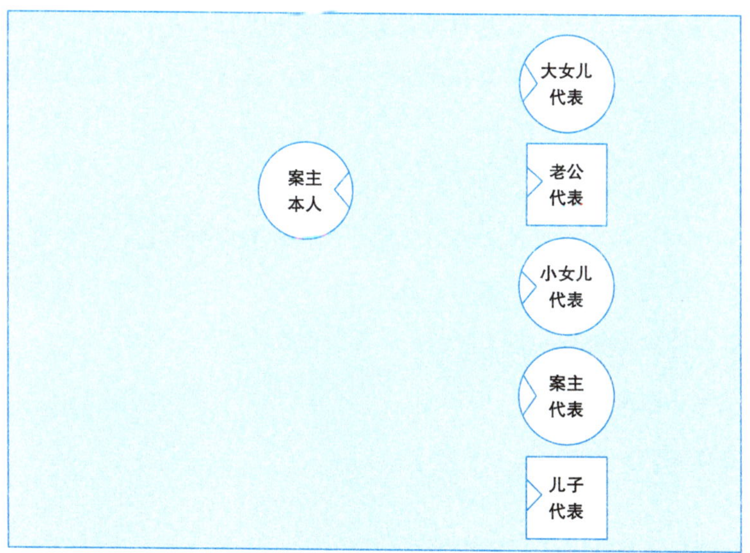

图1–6 各位代表排列呈现

赵中华：大家有什么感觉？

大女儿代表：我想挨着妈妈，但她走了，我就不想动了。

小女儿：我就想站爸爸妈妈中间。

案主代表：我就想离老公近点。

老公代表：我很紧张，她对我有很多期待，我压力很大。

赵中华：你还是很爱你老公的，很渴望他有力量能保护你，带给你安全感。

老师带着老公代表一起说

我是你的老公，你是我的老婆，我只能做你的老公，我没办法做你的爸爸，我没办法去弥补你的缺失，对不起！

老师带着案主一起说

你是我的老公，我是你的老婆，你没有资格做我的爸爸，我的需求去和我爸爸要，而不是和你要，对不起！我现在把对你需求和渴望全都还给你。

赵中华：在婚姻里最主要的问题是改掉你的小孩心态，承担自己的责任。现在你想象背上有一道光，是你对你爸爸的需求，全都飞到你老公的背后，把不合理的要求都飞出去。现在感觉怎么样?

案主：轻松一些了。

赵中华：三个孩子过来，看着妈妈说。

老师带着三个孩子一起说

妈妈，老公是你选的，你们俩之间的事情，你们自己去解决，我们没办法救你，对不起！

赵中华：给妈妈鞠躬。

三个孩子代表：妈妈辛苦了。

赵中华：你们在婚姻中不要总把孩子扯进来，你们婚姻的幸福秘诀就是多谈你们之间的事，少聊孩子，多聊聊我们今天去哪里看电影？我们今天想吃什么？聊聊你们俩幸福的时光，同时可以的话半个月约会一次，这样才能有爱的流动。

案主：记住了，谢谢老师。

赵中华洞见

结婚是夫妻俩当年做的决定，是否需要离婚，也由夫妻俩决定，与孩子无关。很多家长喜欢说，为了孩子我才不离婚的，这句话背后的含义就是自己的不幸福让孩子来背锅。孩子是什么感受？孩子能承受吗？这句话反映出父母看不到自己需要成长的地方，同时也是一种小孩心态的表现。

小孩心态是指在原生家庭的成长过程中，由于父母的溺爱等其他原因，导致孩子没有学会承担责任，走进婚姻之后，渴望爱人完全照顾自己的感受，如果不幸福都是爱人的错，希望伴侣像父母一样呵护自己，而伴侣也会感觉非常辛苦。

我为什么复制了父母的负面情绪

案主：女士，43岁，处理自己的负面情绪。

赵中华：你想做什么主题？

案主：我想做情绪方面的主题。

赵中华：你是哪方面情绪需要提升？

案主：当孩子没做到我期待的结果时，我就会发火。

赵中华：你动手打过孩子吗？

案主：打过几次，不是很频繁，但会经常骂孩子。

赵中华：你孩子多大了？

案主：大的18岁，小的10岁。

赵中华：你对老公也是经常发脾气吗？

案主：是的，对同事也会发脾气。

赵中华：你脾气这么大，那我们需要看看和什么有关。你父母的脾气怎么样?

案主：我爸爸脾气很大，经常骂我妈妈，有时也打我妈妈，但他从来不打我们。

赵中华：你父母还健在吗?

案主：我父母都去世了，我爸爸58岁那年因为肺结核去世的，我妈妈也是因病去世的。

赵中华：你还有其他姐妹吗?

案主：我有三个姐姐，还有个妹妹，但病死了。

赵中华：你小时候有亲子中断吗?

案主：没有。但我一直有压抑感

赵中华：你的压抑感指什么?

案主：在生活中和人交往时总有一种压抑感。我老公四年前因车祸去世了，从此之后，我与异性交往时，就特别注意分寸感，生怕别人说闲话，总有一种恐惧心理。

赵中华：你和你老公是怎么认识的?

案主：别人介绍的。

赵中华：你才43岁。那以后怎么打算?

案主：今年正在交往一个男朋友。

赵中华：感觉怎么样?

案主：目前觉得还可以。

赵中华：我们排列一下看看。

•排列呈现

（引入爸爸代表、妈妈代表、情绪代表、其他可能性代表）

赵中华：大家跟着感觉移动一下（见图1-7）。

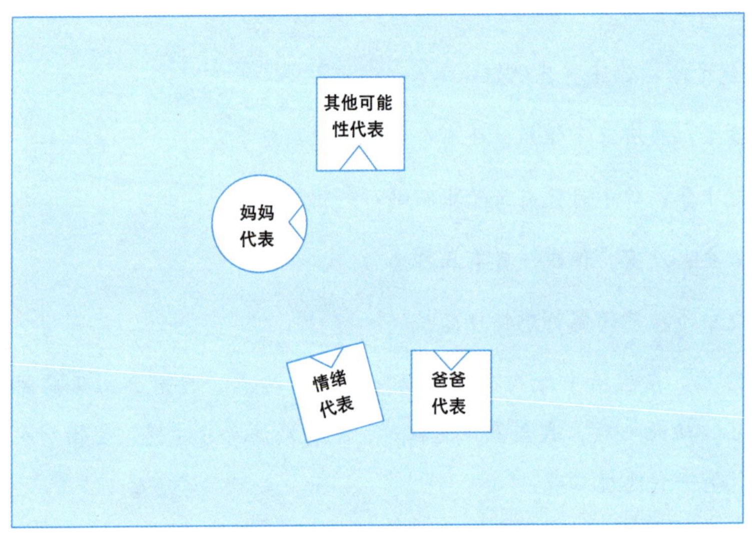

图1-7　各位代表排列呈现

赵中华：情绪代表有什么感觉？

情绪代表：我感觉全身发热。

赵中华：爸爸代表有什么感觉？

爸爸代表：我心里面有点慌。

赵中华：妈妈代表有什么感觉？

妈妈代表：我心里有点闷，不想靠他们太近。

赵中华：通过这个排列看，情绪代表靠爸爸代表最近，说明你的情绪和爸爸有关系，同时情绪代表又看向妈妈代表，说明你的情绪和妈妈也有一定关系，同时其他可能性代表离妈妈代表很近，说明你的情绪和妈妈家族有其他因素的关联。妈妈家族里发生过什么事？

案主：我舅舅一共生了三个孩子，但前面两个儿子都死了，第一个是淹死了，第二个也是非正常死亡。

赵中华：那就请淹死的孩子代表，排列看一下。

• 排列呈现

（引入淹死的孩子代表）

赵中华：大家跟着感觉移动一下（见图1-8）。

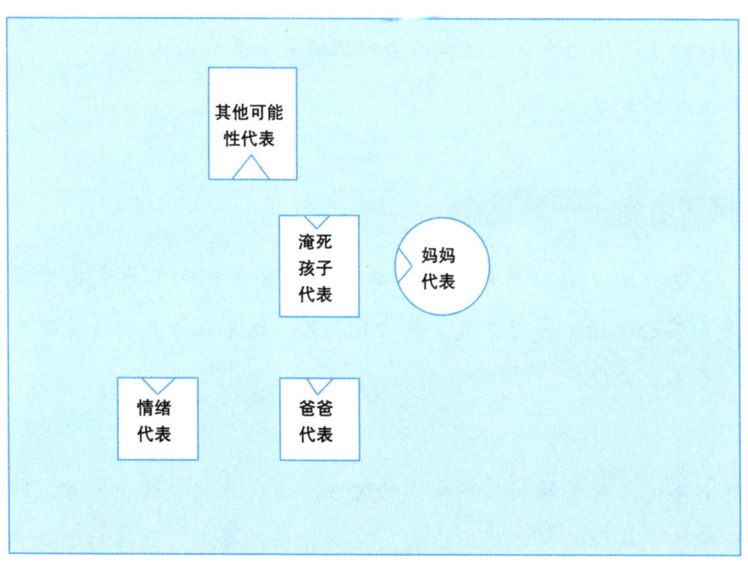

图1-8 各位代表排列呈现

赵中华：你什么感觉？

妈妈代表：他一上来，我就感觉全身发热，之后我又感觉发麻。

赵中华：从这个排列看，可能你的情绪和这两个孩子有关系，但这只是推断，不能说一定有关系。

老师带着案主一起说

我看到你了，你们是我家族的一分子，我从来不记得你们，只是听外婆讲过一次，慢慢我就忘记了，是我对不起你们，谢谢你们对家族的贡献。

赵中华：你回家后以他们的名义种两棵银杏树。你感觉怎么样？

案主：我感受到我的心一下子就放开了。

赵中华：所以，不能只是为他们悲哀，而是要为他们做点事，比如种树，这样你的情绪就会缓和，心胸才会放开。所以带着真心去做，不能总让负面情绪主导你的生活，这样下去对你的未来会有影响。

对爸爸代表说。

老师带着案主一起说

爸爸，我的这份情绪代表着爱，今天我发现这不是我的情绪，这是爸爸的情绪，我现在决定做回我自己，把不属于我的情绪都还给你，爸爸我爱你！

赵中华：给爸爸鞠躬，想象你的这份情绪在你胸口这个地方，想象有一道白色的光从你的身体里飞出去，飞到你爸爸身上。你往后退一步，代表你把这份情绪从你心里移出来，好些了吗？

案主：好多了。

赵中华：你再对着情绪代表说。

老师带着案主一起说

你是我的情绪，你是我生命的一部分，谢谢你这么多年用这样的方式提醒我，同时你代表着爱，现在我接纳你，我要做情绪的主人，谢谢你，我是主人，你是情绪。

赵中华：有的人为了证明忠诚于家族，心中就有隐藏的忠诚，比如妈妈有胆结石，我也要有胆结石，如果没有就代表我不是这个家族的人，我背叛了家族。如果爸爸有这样的情绪，我也一定要有，孩子追随父母，孩子模仿父母，这个叫作盲目的爱，代表你隐藏的忠诚，你的情绪为什么一直在这里，代表你的忠诚，代表你对父亲的爱，很多人放不下情绪，就是放不下这份爱，因为那里面有原爱，有隐藏的忠诚。你和情绪代表拥抱一下。你感觉怎么样？

案主：压在心里面的石头好像落下来了。

赵中华：我给你留个作业，以后当你想发火的时候，就先接纳它，找个枕头抱抱，或者摔一摔枕头都可以。你记住，你是主人，情绪不是主人，情绪是跟着你的。别让情绪牵着你跑，你想要情绪出来就让它出来，你不想让它出来，把门一关它就出不来。

案主：好的，谢谢老师。

赵中华洞见

关于情绪的主题不同的心理流派有不同的解释和处理的方法，如果站在系统排列的角度看，我们很多的情绪与复制有关，如果小时候妈妈对你经常指责、发脾气，等你走进婚姻之后，也会对伴侣经常指责、发脾气，这就意味着你的这种情绪来自你的妈妈，复制了你妈妈的情绪……

所以我们处理的方法是帮助案主把这种情绪交还回去。当然这只是其中一种可能性……

第二章

CHAPTER 2

个人系统：一切从认识自己开始

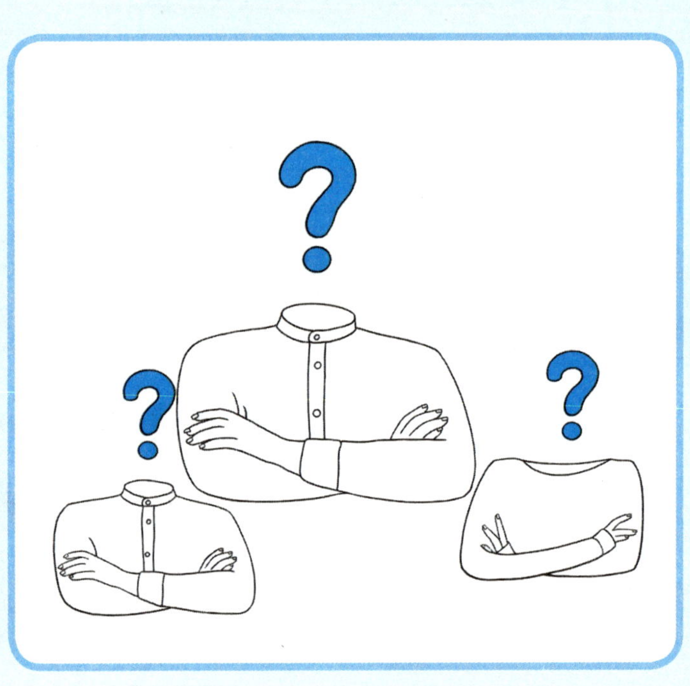

三个中心

什么是“真我”与“假我”呢？比如你生活在湖南，你父母都喜欢吃辣椒，你长大之后也会喜欢吃辣椒。如果你生活在印度，你的原生家庭发生了改变，你的父母也变了，请问你还会喜欢吃辣椒吗？也许你喜欢吃咖喱了，那吃辣椒的是你？还是吃咖喱的是你？你真的是你自己吗？

所以我们都会受原生家庭的影响，如果你的父母比较强势，你想买一个玩具，父母不给你买，你会说，求求你，给我买一个玩具吧，我这一个星期都会按时完成作业，我一定听话。请问这个讨好型的你是真正的你吗？如果我们长期不能做自己，始终都被他人控制，后果是非常严重的，比如吴谢宇弑母就是一个典型案例。

我们来看看吴谢宇人生的经历：

2006年，吴谢宇进入福州教育学院第二附属中学读书。

2009年，中考考了437分，排名全校第一，学校发了喜报。

中考后进入福州一中。

高二获得福州一中的“三牧之星”奖学金。这个奖学金，每学年颁发一次。

吴谢宇的好成绩，为他敲开了北大的大门。2012年，福州一中共有4人被北大提前录取，吴谢宇是其中之一。

同年，吴谢宇进入北京大学经济学院。

进入北大后，吴谢宇学习成绩依然突出。

而吴谢宇的妈妈谢天琴是福州教育学院第二附属中学原教师，谢天琴是一位十分要强的女人，她是家中最大的孩子，老的小的啥事都得和她商量，她是当年村里唯一的女大学生，全村人都视她为骄傲，后来她成了一名中学老师，严师出高徒是她的信条。这半生的经历，导致谢天琴的原则性极强，对家人的控制欲更是难以言喻，吴谢宇从小就在母亲严格规划的道路上前进着，稍有懈怠就会遭到一番毫不留情的挖苦与打击，而吴谢宇努力得来的成绩，在母亲眼里也都成了理所应当。而吴谢宇考上大学之后，按照母亲的要求，他每天都要打电话将身边发生的一切事情汇报，然后听母亲的指点。

通过这个故事大家应该能感受到吴谢宇很有可能就是在真我与假我之间徘徊，当一个人没有了自我，快乐从何而来？我们试着来念一些名词，快乐、开心、幸福、成功。然后我们念的时候加一个字，我快乐、我开心、我幸福、我成功，请问前后有区别吗？答案是前面这个人没有我，后面这个人有我。

我经常问家长一个问题，怎样做是爱孩子？家长回答，我要给他最好的生活环境，给他最好的照顾，给他报最好的学校等，家长说得都很有道理，而我的观点是，想要看一个人爱不爱另一个人，最重要的是看他是否尊重对方，有了尊重才有爱，尊重就是给对方一些空间，我可以有自己的世界，你可以有你的世界，当然爱不是放纵，父母要学会建篱笆而不是建围墙。那有人就会好奇地问那什么才是真我呢？“真我”有三个中心。

1. 理性中心

理性中心包括逻辑、分析、判断、推理、想象力、语言、文字等，这些能力帮助我们在生活中思考和判断。比如你打车、购物、学习都需要用到这些能力，同时人类依靠这些能力让科技不断进步，让我们的生活水平不断提高。

但科技进步和生活水平提升让我们的幸福感提升了吗？据《中国统计年鉴2021》统计数据看，1985年全国离婚率是0.44%，2020年全国离婚率是3.09%，大家有没有思考过一个问题，现在的物质条件比20世纪80年代好很多，那为什么离婚率反而高了呢？

老公晚上回家比较晚，刚打开门，老婆就不分青红皂白地骂他，你到哪里去了？你心里还有这个家吗？我当年那么相信你，嫁给你，你现在出去玩，这么晚才回家，也不告诉我，我等了你几个小时，你真是个不负责任的人……

我想问大家，这位老婆骂这么久，她真正想表达的是什么？其实这位老婆内在是想说：**老公我很在乎你，同时我很孤独**。但是她没有去体会自己内在的感受，也没有表达出自己真正的感受。

为什么我们不愿意表达内在感受？第一是没有连接到自己内心的感受；第二是害怕把自己的脆弱表现出来，而再次受伤。

我们为什么不敢把自己的脆弱表现出来？因为那是我心灵最柔软的地方，最脆弱的地方，我曾经说过对待我们最脆弱的部分，我们需要**越痛苦、越温柔**。我们的烦恼和痛苦来源于“爱”，我失去了爱而没有得到

“爱”，我想要对方更爱我，同时我也想付出更多爱给对方。

2. 心灵中心

心灵中心是什么呢？心灵中心包括感受、愤怒、委屈、悲伤、情绪、难受等。

我们大部分的时间使用的都是理性中心，都是源自社会的一些压力，比如房贷每月4500元，而收入只有5000元，因此大部分的精力都用在赚钱上。所以物质是基础，有了物质基础才能谈精神追求。但真正的幸福肯定不是由物质决定的，并不是赚了更多的钱、买了更大的房子就幸福了，那只是短暂的幸福，幸福与物质关系不是很大，更多的来自内在的感受。

找我做心理疗愈的案主，其中大部分家庭条件都是非常不错的，但孩子会抑郁、自杀，说明幸福和物质不是成正比的，孩子说得最多的是，我的父母不怎么鼓励我，我们的关系很一般，爱而不亲，动手打我，对我很冷漠等。这些都是内在的自己，和自己的感受有关，这就是心灵中心。

一位爸爸白天工作不是特别顺心，晚上十点回到家，打开门就看见孩子拿着手机在打游戏，爸爸看到这一幕，本来不顺心的基础上又添一层愤怒，马上一个箭步跑过去抢了孩子的手机，然后说，你怎么一天到晚玩游戏，你再这样下去就废了，你看我不打死你。而孩子立刻站起来说，把我的手机还给我。爸爸说，不给，就算摔了也不给你。儿子说，你不给我，我就跳楼。爸爸愤怒地说，你跳啊，你不跳你就是窝囊废。结果你猜怎么样？悲剧发生了，孩子跳楼了，死了。

在线下课上，我会问现场的家长，你们觉得这个爸爸爱孩子吗？家长们集体回答：“爱”我又问，如果这位爸爸在楼下，看见不认识的小朋友在玩手机游戏，他会这么愤怒吗？答案肯定是不会，为什么？你对楼下陌生孩子的爱，和对自己家孩子的爱，爱的程度是不一样的。我再问，这位爸爸这样指责孩子，孩子能感受到他的爱吗？家长们陷入了沉思，答案是不能，对吗？**所以家庭中很多问题的根源是什么？是我们无法表达爱和无法连接爱。**

如果这位爸爸在回家前去连接自己内在的愤怒，自己做个深呼吸舒缓一下，回到家看到孩子在玩游戏，他温柔地说，孩子，我回来了，爸爸今天工作不是很顺利，我很难过，我想和你聊一下，我需要你的陪伴。你觉得结果会怎么样？会不会和之前不一样？为什么我们说不出来，因为我们理性的大脑告诉我们，宁愿流血也不能流泪，打死也不能说我的感受，我自己这么脆弱，我死都不能说出来。

我在没有学习心理学之前，我和大家一样，很难表达自己的脆弱与感受，无法和父母表达爱意；也不能和爱人说**我很孤独，我需要你，我很爱你；**不能告诉孩子爸爸妈妈也需要你，我也害怕孤独，爸爸妈妈想抱抱你。这些都是我们内在最深的渴望，而往往很多人是很难表达出来的，这需要我们不断**学习、练习、再学习、再练习**。

3. 身体中心

身体中心指的是我们的肌肉、皮肤、器官、神经系统、肩膀、脚趾、手指、肾脏等。

我们的身体出现的反应其实和我们的理性中心、心灵中心是息息相关的。

图2-1代表能量对我们身体的影响，如果一个人经常愤怒，他愤怒的能量都在胸部左右，而抑郁的能量是蓝色的，其胸口是黑色的，所以每一种情绪都是和我们身体息息相关的。

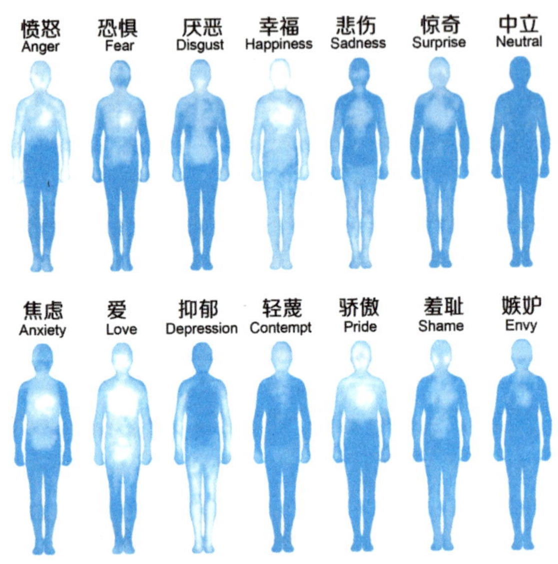

图2–1　能量对身体的影响

我在学习催眠的时候，有一个理念对我的影响很大，这个理念就是身体的冻结，你想象一位父亲来咨询时，双手紧紧地抱着，一脸严肃地问你，老师我的孩子抑郁了，该怎么办？作为一名咨询师我能够感受到这位父亲的身体是冻结的。无论我们咨询师怎么说，他心中始终存在疑问，你说得有效果吗？其实他孩子的抑郁就和这位父亲的身体冻结相关，但他本人是不察觉的。那我们作为心理疗愈师该怎么做？最核心的一步就是帮助这位父亲打开自己，只有这样才有疗愈他的孩子，**身体的冻结对我们来说是没有创造力的**。

关于“真我”的建立，要有理性的自我中心，懂得拒绝，明确界限，连接感受，连接心灵中心，能够表达自我的情感，能够与他人产生情感的连接，表达爱，连接爱，同时能够觉察自己的身体中心，让自己的身体流动起来，保持气流的流动，连接身体的中正状态。

信念

我们的思想是怎么形成的？萨提亚的冰山理论提出一个人的“自我”就像一座海上冰山一样，我们能看到的只是露出海面的很少一部分，包括行为模式、语言模式、情绪模式。

行为模式包括开车、写作业、抽烟、喝酒、做饭、洗澡、打人；

语言模式包括骂人、抱怨、表扬、鼓励、讨好、打岔、赞美；

情绪模式包括愤怒、委屈、悲伤、羞耻、开心、喜悦、兴奋。

而正是隐藏在冰山下面的部分在影响着我们，那就是源自我们内在的观点、想法和信念，**真正影响我们的是我们内在的信念，**表现出的现象是这三种应对模式。

比如，我认为我老公就应该每天按时回家睡觉，这就是我的信念，所以如果老公回来晚了，我就会抱怨，而且我还坚定地认为，抱怨可以改变一个人，所以我就不断地抱怨，不管有没有用，我坚定地认为抱怨才能解决问题。所以我有两个信念，第一，老公必须按时回家；第二，抱怨可以改变老公。

再比如，我认为孩子只有听话才有出息，所以孩子只要有任何不乖的行为，或者有一点点的调皮，我就不能接受，我就会生气，生气源自我内在有一个信念，即乖才有出息，调皮就是坏孩子。而这一信念里面最可怕的是限制性的想法和信念。

心理学家做过一个实验，抓来一只跳蚤放到一个玻璃杯里面，跳蚤能够轻松地跳出去，而心理学家在玻璃杯上面盖上一个透明的玻璃盖，跳蚤连续跳了很多天都跳不出去，后来心理学家把玻璃盖拿掉，跳蚤却也再也没有跳出玻璃杯了。原本跳蚤是可以轻易跳出去的，可是经历了大量的失败经验，产生了一个信念，我是跳不出去的，这就是**限制性的信念**，而我们每个人都有很多这样的限制性的信念。

所以当我们给了孩子太多的否定，不让孩子去尝试，总是打着爱的名义不让孩子去经历一些挑战，那么孩子也会像这只跳蚤一样，认为自己做不到而产生限制性的信念了。

我们每个人都有成千上万的信念，那就是我们的内在地图，我认为孩子是什么样的人？我认为伴侣是什么样的人？我认为我自己是什么样的人？我怎么看待我自己？这些都是我们的内在地图，而很多人被信念所束缚，而真正成功的人，**他知道信念是为我服务的，我比信念大，破除“我执”最有效的就是“灵活”**。

而信念有非理性的信念，和理性的信念，什么是非理性的信念呢？我只要做到A，我就一定能够得到B，这是非常不理性的信念，就像一位女士的信念是：我只要把家务事做好，我的老公就一定爱我；或者孩子只要好好读书，就一定有出息；我只要努力工作，我就一定成功，类似这种。我不是说这样的信念有问题，是代表这样的信念，没有了更多的可能性，就是我执，没有达到这样的信念，痛苦就开始了……

而所谓的灵活指的是我做A，但是有可能得到的是B，也有可能是C，也有可能是D，带着这份好奇，那不是很有趣吗？我常说在因上努力，在果上随缘就是这个道理。

甚至有的人可以为了自己的信念去死，愿意死都不愿意放弃自己的一个信念，比如我坚定地认为人生就是要吃好，吃比什么都重要，所以胡吃海喝、酗酒、抽烟……最后患上了癌症失去了生命。

其实人生的意义还有很多，远远不止只是为了吃喝而已，就像有一个人问一位大师，说大师你不抽烟、不喝酒，那你的人生多没趣啊？而大师反问他，你的人生只剩下抽烟、喝酒，那你的人生又有什么意思呢？

所以信念是为了我们的幸福服务的，而不是固有地坚持一个信念，而不改变，而通过心理疗愈我们会发现，信念的背后还有一个深深的渴望，等待我们的聆听与看见。

身份定位

哲学的三个问题，**我是谁？我从哪里来？我要到哪里去？**其中的第一个问题我是谁？就是身份定位。

刚出生时我是婴儿，8岁时变成儿童，上初中我变成青少年，结婚时我变成丈夫，有了孩子我变成父亲，有了孙子我变成爷爷。在家庭里，每个人的身份一直在改变。

关于身份，我用NLP六个层次来解读，会更清晰一点（详见图2-2）。

1.环境。比如我出生在湖南，我在河边，我在草原，我在家里，我在会议室。

2.行为。比如我在读书，我在打字，我在唱歌，我在做饭。

3.能力。我会开车，我会弹钢琴，我会演讲，我会销售，我会洗衣服，我会管理。

4.信念与价值观。关于信念前面谈过一部分，那信念与想法有什么不

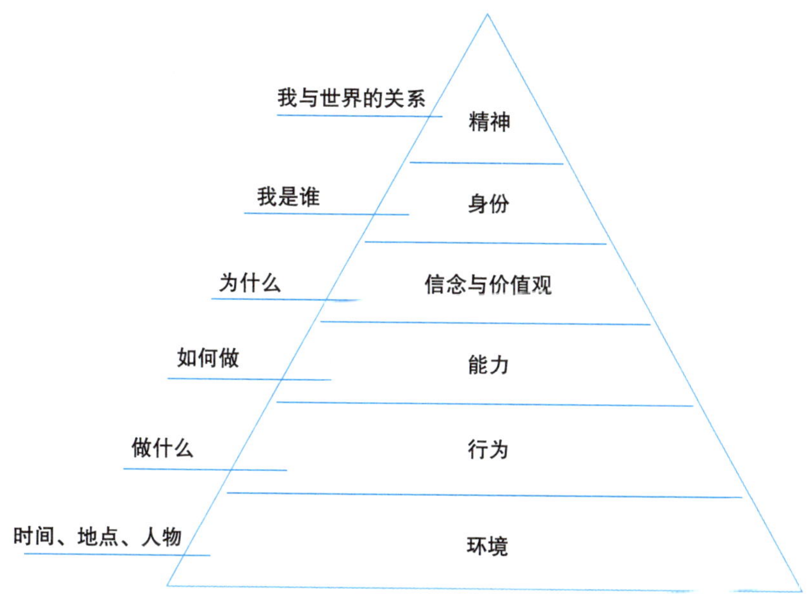

图2-2 NLP六个层次

同呢？信念是会去捍卫的，而想法是观点，价值观是最在乎什么。比如我今天有两个选择，去打麻将或者去学习，如果我认为学习没什么用，我去打麻将也许能赢钱。这就代表我有一个信念是学习没有用，而我的价值观是打麻将比学习更重要。

5.身份。上面已经举例我在一个家庭当中身份的改变，同时我在社会上也会有很多身份，我去演讲时我是讲师，面对交警时我是公民，在商店里我是顾客。**所以我的身份在不同的环境都在发生改变。**

6.系统。系统指的整个全局，包括个人、世界、生命、环境、家族、宇宙。比如这次新冠疫情我们都受到了影响，这就是系统的力量。

而人的烦恼来自身份的混淆。比如我在公司是总经理，我需要做一个好的管理者，会比较严肃认真；当我回到家，8岁的儿子说，爸爸我们一起玩一下游戏吧，我马上拉着脸说，赶快去学习，又不乖了。你有没有发现父亲的身份和总经理的身份混淆了，所以父子关系就出现了不和谐。作为父亲应该是慈爱的，比如有一次我和儿子来到河边，儿子说，爸爸你能不能陪我玩啊，我说，好啊，玩什么？儿子说，我想在草地上打滚，我说，太棒了！看我们谁先滚下去。在那一刻，我们俩都开心得大笑起来。

人生其实就是不同身份的一场“表演”。我不忙时就会去接孩子放学，我会看到很多的爸爸妈妈都在学校门口等待孩子放学，你接到孩子后的第一个问题是什么？如果你说，你今天作业做了吗？今天在学校上课认真吗？考试考得怎么样？此时你是什么身份？是不是像补习班的老师？时间久了孩子就越来越不喜欢和你说话了，甚至沉默了。

关注心情是爱，关注表现是控制。很多的家长会咨询如何解决孩子的问题，我问你和孩子的关系目前怎么样？回答基本都是一般，甚至是恶劣，解决这个问题首先从回归身份开始，比如还是接到放学的孩子，爸爸妈妈第一句话问，孩子你今天过得怎么样？开心吗？相比较前面问的学习问题，你觉得孩子喜欢哪一种提问？记住你的身份是父母，不是老师，孩子需要的是父母的关心和爱。

每一个身份背后都有一套信念和价值观，而身份是汽车的方向盘，信念是发动机，油是价值观。人生最怕的是在错误的道路上努力前行。

有一位女士找我咨询两性关系，她说，结婚15年，婚后越来越冷淡了，最近发现老公有小三了，她非常痛苦，来寻求我的帮助。

我一看这位女士，就能感受到她在家庭里付出了很多，她很好奇我怎么知道她为家庭付出很多，我说从你的打扮就能看出来，你衣着朴素，说明你把太多的注意力都放在了孩子和家务上，从而忽略了自己。我说完，她眼泪一下就流出来了，她说，是啊，我全身心为了孩子，为了家庭，洗衣、做饭、打扫卫生。等她情绪稍微平复后，我说，我想问你一个问题，**你做了多少老婆该做的事情？**她说，我前面说的难道不是老婆该做的事情吗？我说，那些事也是老婆该做的，但那些事情保姆也能做，我想请问你，你做了哪些保姆不能做只能老婆能做的事？这位妈妈一时答不上来。

她老公是不对，但如果咨询师和案主一起去抱怨，说她的老公不是个好东西，这样的话确实会让案主心里舒服一点，但是也会让案主掉入一个**受害者的身份，**时间久了，案主的抱怨越来越严重，她本人无法有效地成长，所以作为心理疗愈师最重要的一个核心就是协助案主**走好未来的人生路**，通过这个事情我们可以学到什么？成长什么？就犹如案主来找我们，被雨淋湿了，我们不但要协助案主擦干雨水，**更重要的是让她自己拥有一把属于自己的雨伞，具备为自己遮风挡雨的能力**。

二元对立

1. 穿越对错看效果与意义

在个人成长过程中，我们很多时候容易活在二元的世界里面，二元世界就是非黑即白，纠结对错。很多夫妻为什么会吵架？因为他们有一个信念，就是自己是对的，对方是错的，那么双方都认为自己是对的，结果离婚了，这时对错还有意义吗？

有对夫妻来咨询亲子教育问题，妈妈觉得自己是对的，爸爸觉得自己是对的，可是孩子离家出走了，所以我们的目标是效果而不是对错。我需要怎么样才能达到我要的效果而不是对错？你用打骂告诉孩子对错，可是孩子不接受，如果你带孩子去看电影或者玩耍一下也许更有用，这就是效果。

孩子不愿意出门，你抱怨了很久，可是孩子就是不愿意出门，有一天你说我想学游泳，孩子你能教我怎么游泳吗？结果孩子很愿意教你，这就是效果。夫妻关系也是如此，你把家里收拾得很干净，可是老公就是不愿意回家，但你把自己打扮得很漂亮，老公开始多关注你了，这就是效果。**有效即坚持，无效即改变。**

2. 转烦恼为菩提

事物往往都有两面性，当我们能够从事件当中看到事情的两面性，等于你看到了事情的完整性。比如你今天被偷走500元钱，如果你只能看到这件事不好的一面，那将是痛苦的深渊，如果我们思考自己从这件事能够学习到什么？这件事对于我来说有什么正面的意义？它提醒我以后要保管好自己的金钱，提醒我走路的时候多留意周边情况等。你会发现事情没有改变，可是事情的意义改变了，你从中学会了辩证地看待问题。**人生的痛苦和烦恼都在你的一念之间。**

有人问我和爱人会吵架吗？我说，当然了，特别是没有接触心理学之前吵架更多，学习了心理学之后少了很多，但还是会有冲突，那我最大的改变是什么？我会等吵架平息之后，思考这件事情可以给我带来什么样的正面意义？同时激发了我内在哪种需要被疗愈的部分？我可以把疗愈带给它。当我们这样去经营婚姻、经营孩子的时候，你会发现自己不断觉悟，最要感谢的就是自己的伴侣和孩子，因为他们无时无刻不在帮助自己成长，只是帮助的方式比较特别而已，我们真正的成长一定和痛苦相连。

当我们能穿越二元世界，就能**进入效果而不执着**的时候，这么多年我们已经习惯分清对错，追求效果对于我们来说是很大的挑战，那作为心理疗愈师需要修炼的是要看到来访者的两面性，就像17岁的艾瑞克森被诊断为小儿麻痹，甚至医生说他的下辈子都只能在轮椅上度过，艾瑞克森没有选择相信，他通过他的疾病发现了催眠的世界，这就是事物的两面性。

价值感

关于“自我”我还想谈谈马斯洛需求层次理论，见图2-3。

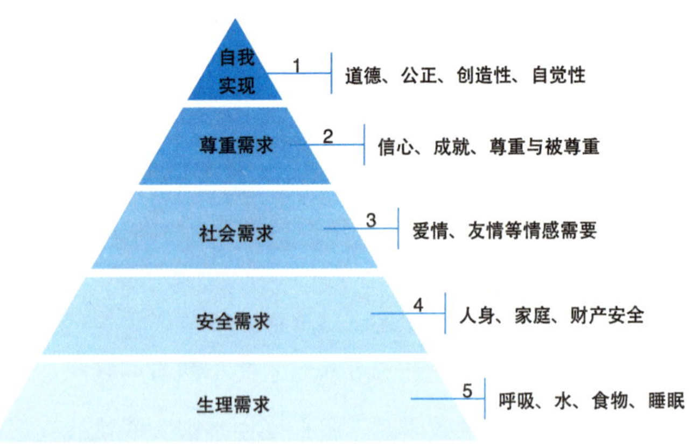

图2-3　马斯洛需求层次

根据马斯洛理论我们最基本的需求第五层需求是生理需求，就是食物、睡眠、水、呼吸，这些是能让我们活下来最基本的需求，所以生理需求是我们第一位的需求。

第四层需求是安全的需求，假设你在电影院看电影，突然听到旁边有人大喊：起火了，起火了，请问你还会看电影吗？你肯定会离开这个电影院，对吗？我们选择旅游目的地会考虑哪些因素？除了风景好之外，一定是安全，如果现在让你去一个不安全，但风景绝佳的国家旅游，相信你也不会去，安全的需求是非常重要的。

第三层需求是社会需求，指的是我们需要连接爱情、亲情、友情、师生情等，无一不是体现了我们需要和人产生连接，人是需要连接的，人害怕孤独。

很多亲子的问题，比如抑郁、自闭都和缺少连接力有关，他不能很好地与人产生互动，也不太会处理人际关系，甚至学校里也没有什么朋友，导致最终抑郁了，这一结果和父母的教育有一定的关系，过度的保护、过度的溺爱都是背后的原因之一。

第二层需求是尊重的需求，随着年龄的增长，被尊重的需求显得格外重要。尊重的对立面是什么？是控制，比如你必须按我的要求来做事，我只给你一个选择，我都是为了你好，吃什么、什么时候睡觉、剪什么发型、穿什么衣服都是我来做主，这些都是打着爱的名义控制你，最后你们的关系一定是恶劣的。

什么是尊重？比如我只给你建议，我尊重你的选择，我最少给你三个选择，这种相处是互相尊重，我知道你是你，我是我，你不属于我，我也不属于你，我们给了彼此空间。

第一层需求是自我实现，也是我这一节最想谈的，就是人的价值感，当我们温饱解决了，父母给自己的爱也够多了，可是为什么有些孩子还会自残、自杀呢？为什么伴侣之间为家庭付出了很多，可就是不开心，而且还是玻璃心，非常容易受对方的影响，一件很小的事情，都让自己整天不快乐，这是什么原因呢？

这都和自我价值有关，什么是价值感？它也叫自我实现，孩子问爸爸，今天可以给我买零食吃吗？爸爸说，可以，请问爸爸和孩子谁有价值感？爸爸有价值感。当一个人在家庭系统中一直是受益者，爸爸妈妈给他买衣服，照顾他，给他食物、住宿等，他就是家庭系统中的弱势者，他处于下位，父母在上位，时间久了，他的自我价值是非常低的，如果父母只认同他的成绩，而他的成绩又达不到父母的期待，他的自我价值感就会更低。

因此在家庭教育中要提升孩子的价值感，要让孩子为家庭做一些力所能及的事情，让他觉得他是家庭的一分子，这个家需要他，同时也需要他的帮助，爸爸妈妈也不是超人，也不是什么都懂，什么都会，有些地方需要他的帮助。

妈妈在厨房做饭，孩子过来说，妈妈我想帮你。妈妈说，不需要，你去写作业就可以了。有一天妈妈回家，手上提了一些菜，孩子说，妈妈我来帮你。妈妈说，不需要，别把你的手弄脏了。请问这样一次一次地拒绝孩子，孩子的感受是什么？孩子会感到自己在家里没有价值。

我在线下夏令营授课时，有些孩子说，赵老师我就是一个废物，我什么都不会，你就不要管我了，让我自生自灭吧。这些语言让我感受到孩子在他的原生家庭里自我价值感非常低，父母不允许孩子犯错，也不允许孩子来帮助自己，父母一直在上位，而孩子永远都在下位。**所以价值感是我们非常重要的需求，我们一定要深度去研究与践行。**

个人三种痛苦心态

同样的一件事，100个人就有100种看法，每个人的内心感受和想法都是不同的。那所谓的三种痛苦心态具体是哪三种呢？

第一，托付心态

托付心态就是把自己的幸福托付给别人，而不是自己掌握自己的幸福。假如幸福是一间房，我们每个人都渴望进入这个房间，拥有幸福的人生，进入这个房间需要一张房卡，你想象一个画面，这张房卡只放在你老公身上，那是一个什么样的结果？当你想进入房间拥有幸福时，你会说，我老公，请你开门。现实生活中，就是老公给你钱，你就快乐，给你买东西，你就快乐，老公不夸你了，不给你买东西了，你就痛苦，你的幸福没有掌握在自己手上，而是掌握在老公手上，结果是你在婚姻中是不可能拥有真正的幸福的。

如果你把这张代表幸福的房卡，只放在你的孩子身上呢？孩子听话你就幸福快乐，孩子考高分你就快乐，孩子不听你话，成绩没有达到你的预期，你就非常痛苦，你的幸福快乐就像气球一样一戳就破。唯一的解决之道是什么？**就是这张代表幸福的卡，只能拿到你自己的手上。**你才能随时拥有幸福，想进去就进去，想出来就出来，就不会受制于人。所以拥有托付心态的人是没办法真正拥有幸福人生的。

第二，受害者心态

受害者心态指的是这件事不是我的责任，都是别人的错，我是受害者。这种心态不能用对错来看待，如果站在对错的角度看待事情，确实你可以说都是别人的错，但你没有从这件事中得到成长。

我做过大量的婚姻个案辅导，有一些来访者在谈论婚姻时，都会说自己是如何为这个家庭付出的，而自己的伴侣是如何伤害自己的，当一个人把自己放在一个受害者的位置，就代表自己处于低位，对方处于高位，从而产生大量的委屈和愤怒情绪，这个时候想要引导来访者走出来其实是很难的，**因为受害者有一个核心信念就是，这一切都是对方的错。**

当一个人认为“一切都是对方的错”的时候，站在修行的角度来理解就是外求，当一件事外求的时候，就代表需要改变的是外在，而自己是不需要改变的，但总有一天他会明白，外在是不受自己操控的，而外面没有别人，只有自己，当自己改变了，外在就改变了，就像王阳明说的“心外无物”。

那为什么会出现这样的受害者心态呢？和小时候的成长经历有关，比如你小时候在外面玩耍不小心摔倒了，家中长辈就拿起了一根棍子去打地面，一边打一边说，都是你们的错，你们害我孩子摔倒了，看我不打死你。孩子就从长辈这样的反应中，建立了一个信念，我的痛苦都是你们造成的，一切的错都是你们的错。而这样的信念会跟随一个人很长的时间，除非后天通过学习与成长来改变，不然本人是很难察觉的。

第三，小孩心态

小孩心态就是尽管我们已经成年，心理上却还没有成熟，不能用成人的心态处理身边的事。比如当我走进婚姻，还希望我的伴侣像我妈妈一样理解我、包容我、满足我，等于我把对妈妈的渴望，投射到我的伴侣身上了，希望我的伴侣变成我妈妈，我变成她的儿子。如果你在婚姻当中，希望你的老公无条件疼你、照顾你、理解你、包容你，你的需求都需要老公来满足，那就是你把对爸爸的需求投射到你老公身上，他变成你的父亲，你变成他的女儿。而这种身份错位的爱，就是我们的小孩心态导致的。

在我做的心理疗愈个案中，案主或多或少都会曾经有这种心态，小孩心态本身不是问题，当我们面对父母的时候，我们自然就会出现童年的渴望与需求。比如我出去授课，我妈妈总是会说，儿子在外要注意安全，多照顾自己，而我授课回家，我的妈妈也会说，儿子想吃什么？妈妈做给你吃。这一刻我就幸福得像孩子一样。

什么是成人心态，就是我为我的选择负责任，我的需求我满足，我的渴望我负责。婚姻是你选择的，伴侣是你选择的，你的人生都是你选择的，那就为自己的选择负责。比如用爬山比喻婚姻，我们一起爬山，我们彼此照顾好自己，一路一起欣赏旅途的风景，需要我帮助的时候，我愿意拉你一把，但是拉完之后还是需要你自己爬山，我们彼此照顾，彼此欣赏，彼此陪伴，一路到达山顶，成就彼此，而不是你趴在我的身上，让我背着你上山，那样我们都到不了山顶，也许没几分钟就受不了了，因为做对方的父母不是我们婚姻的目的，**所以照顾好自己也是爱对方的表现，爱自己才能爱别人。**

冥想疗愈

我带大家做一个连接三个中心的冥想练习。首先找到一个安静舒适的环境，尽量站起来，这样练习起来能够更好地流动与打开。

当你站起来之后……可以慢慢地闭上眼睛……关注自己的呼吸……慢慢地吸一口气……再慢慢地吐出来……每一次呼吸都感觉到自己越来越放松……同时每一次吐气都感觉到把压力和紧张吐了出来……再来一次……慢慢地吸气……慢慢地吐气……现在我们把注意力放在自己的肩膀上……放松肩膀……想象我们的肩膀就像冰块一样融化……而我们的双手自然地垂下……放松下来……用一个呼吸带入我们的身体里面……

从你的头顶开始放松……放松你的头皮……放松你脸部的肌肉……你可以给自己一个带着幸福的微笑……提起你脸颊的肌肉……露出你佛陀般的笑容……放松肩膀……放松手臂……放松你的腰部……胯部……大腿……小腿……脚底……同时想象你的脚底扎根大地……把自己想象成为一棵大树……深深地扎根大地……脚底是树根……往下延伸……

身体是树干……双手是树枝……接下来把双手打开……连接天地……把一个呼吸带到你的脚底……吸气……想象从大地里面有一股气流来到你的脚底……吸气带到你的小腿……大腿……胯部……肩膀……再到你的手臂……再充满全身……感觉到整个气息在你的身体里面流动……感觉到完全的放松……并且自然地发出一个声音……哇……哇……哇……

接下来感受这份气流的流动……轻轻地动动我们的身体……想象我们的身体流动起来……身体任何紧绷的地方都可以放松下来……当你再次吸气的时候……你都比之前更加地专注与放松……当你再次吐气的时候……你的身体更加地轻松与自在……然后轻轻地把手放在你的胸口……去感受你的内在……无论来到什么我们都去欢迎……去连接……去感受……就像抚摸一只小狗一样去抚摸自己的内在……并且对内在说……我看见你了……我感受到你了……我爱你……谢谢你……然后抱抱你自己……停留一下……去感受一下自己身体内在的感受……然后再慢慢地睁开眼睛……回到现在。

真实疗愈个案

童年的未了事件会影响一生

案主： 女士，34岁，处理与弟弟的关系。

赵中华：你想做什么主题？

案主：小时候我弟弟带给我一些创伤，在我七八岁的时候，弟弟用刀砍过我的头。

赵中华：什么原因？

案主：就是我们一起玩，用竹子做玩具，我看他用刀削竹子，觉得他太小了，我就想帮他，他说不要我帮，然后就用刀子砍到我头上，现在我头上还有一个疤。

赵中华：后面是怎么处理的呢？

案主：我妈带我去诊所，医生缝了几针。其实我弟弟对我的影响不只是这件事，他多次拿刀架在我脖子上，我每次批评他时，他就直接拿刀在我脖子上说，你再说我，我就砍你的头。

赵中华：你弟弟为什么这样对你呢？

案主：我觉得和父母比较溺爱他有关，我弟弟是超生，我妈妈是躲在外婆家生的我弟弟，所以我弟弟出生后，我父母就非常溺爱他，造成我弟弟长大后，我爸爸妈妈都管不了他，我记得有一次他跟我爸爸发生冲突的时候，他直接给我爸爸一个耳光，我弟弟就是家里的小霸王，所以当我批评他时，他就敢直接用刀架在我脖子上。

赵中华：你父母关系怎么样？

案主：我父母关系一般吧。

赵中华：你妈妈是什么样的人？

案主：我妈妈属于指责唠叨型，也其实她挺有爱的，也很善良。

赵中华：你和爸爸的关系怎么样？

案主：我和爸爸的关系比较疏离吧，对爸爸没有太多美好的回忆，也没有不好的回忆。我和妈妈关系比较亲密，但我又有点不喜欢妈妈，甚至有一点讨厌妈妈，妈妈太唠叨，同时她心胸比较狭隘。

赵中华：姐姐跟爸爸的关系怎么样？

案主：我觉得爸爸和我们在一起的时间挺少的，基本上是妈妈管我们管得多一些，所以我们和爸爸的关系都很一般。

赵中华：你爸爸是个什么样的人？

案主：我爸爸是一个很老实的人，比较勤劳，也很善良，还有一点懦弱，比如我妈妈和我爷爷奶奶发生冲突的时候，我爸爸一般不说话，他不会站出来说话。

赵中华：你爸爸经常外出打工吗？

案主：没有，他一直在家务农。

赵中华：那为什么会和你们关系疏离呢？

案主：他早上出去干农活，晚上回来，家里的事都是妈妈管，所以我印象里我只记得有一次爸爸带我们去钓螃蟹，只有这次经历才让我感受到爸爸对我们的爱。

赵中华：你老公也比较老实吧？

案主：对，当年我就是看上他老实憨厚了。

赵中华：你结婚几年了？

案主：结婚9年了。

赵中华：你和老公关系怎么样？

案主：不太好。

赵中华：你有几个孩子？

案主：一个女儿。

赵中华：小时候还发生过什么让你印象深的事吗？

案主：小时候爸爸打过我一次，大概在我七八岁的时候，我和姐姐、弟弟一起玩，然后吵起来了，我骂了一句脏话，我爸冲过来从我后面甩了一个巴掌，当时我鼻子出血了，从那之后，有四五年时间，我鼻子经常会不自觉地出血，有时低着头吃饭，血就会流出来。

赵中华：你今天的目标就是处理弟弟带给你的心理创伤吗？

案主：我觉得我和老公不能建立亲密关系和我弟弟给我的创伤有关，我觉得我很难完全相信男性。现在想想，其实我对我弟弟的恨，背后也有对我父母的恨，觉得他们不公平，他们重男轻女，但是生我的时候，看见是个女孩，爸爸是有点失望的，当年我父母看到我弟弟拿刀架在我脖子上，他们都不管。

赵中华：我们看一下排列。

•排列呈现

（引入爸爸代表、妈妈代表、姐姐代表、弟弟代表、案主代表）

赵中华：大家跟着感觉移动一下（见图2-4）。

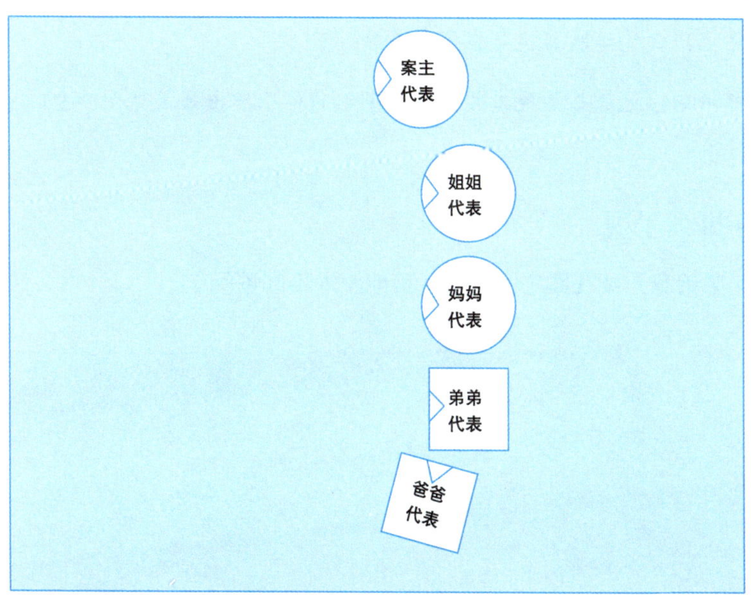

图2-4 各位代表排列呈现

赵中华：在一个家庭里面，老二是最容易被忽视的，你爸的眼神都是看着弟弟，不怎么看你。

弟弟代表：我感觉很幸福。

妈妈代表：我觉得不知道怎么办，有点无助。

姐姐代表：我就想挨着妈妈。

案主代表：我感觉他们都挺冷漠的，心里感觉委屈和无助。

赵中华：你心里除了恨，还有恐惧吗？

案主：我弟弟用刀架在我脖子上的时候，我心里是很恐惧的。

赵中华：你结婚后，你对老公也有恐惧吗？

案主：对，尤其是当我老公大声吼我的时候，我就非常愤怒，同时我又很怕他。我记得有一次，我在教室里面上课，然后从窗户看到我老公从那里闪过，看见他的脸很严肃，我心里就感觉很怕他。

赵中华：你觉得你在怕谁呢？

案主：我觉得我其实是在怕我弟弟。

赵中华：把你弟弟把刀架在你脖子上的样子摆出来（见图2–5）。

• 排列呈现

（弟弟拿刀架在案主脖子上，其他家人不闻不问）

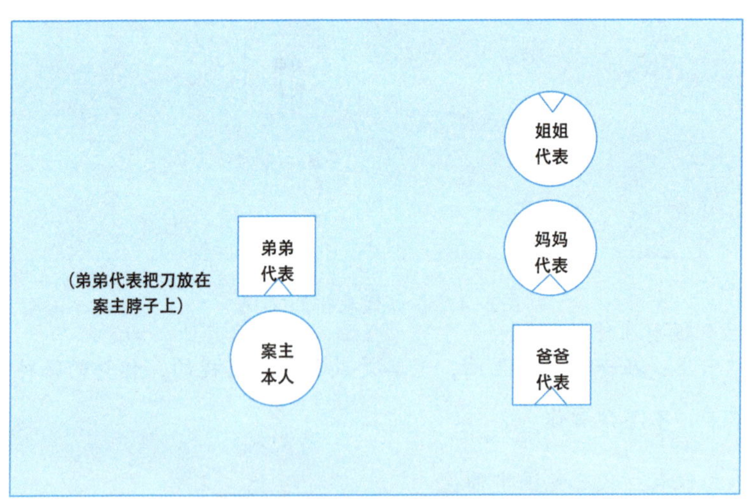

图2–5　各位代表排列呈现

赵中华：你看到这个排列有什么感觉？

案主：很委屈，也很愤怒。我弟弟的行为，给我很大的压迫感，我心里生气，又不敢作声，我眼泪一直在流，感觉很无助，我父母都在旁边，但都不管，眼睁睁看着我弟弟拿刀架在我脖子上，难道我不是他们的女儿吗？难道儿子就这么重要吗？万一真的把我杀死了，他们不会心疼吗？

赵中华：你把心里的委屈都说出来。

案主：你是一个男孩就可以了不起吗？你就可以在家里好吃懒做？我和姐姐每天都忙里忙外，你为什么可以天天睡在床上？说你两句怎么了？你还用刀子架在我脖子上，你就是小霸王，为什么同样是人，你在家里就可以什么都不做，我和姐姐就要做这么多事情？

赵中华：这是什么感受？

案主：很难受。

赵中华：有委屈吗？

案主：有。

赵中华：有愤怒吗？

案主：有。

赵中华：有什么期待呢？

案主：我其实挺希望我爸爸来管这个事情的，能够看见我总是被弟弟欺负，但他们都不来帮我。

赵中华：这个就是未了结事件，你的童年里面有一些未了结事件，长大之后会投射在你的婚姻和亲子关系里面。现在你有什么话想跟弟弟说？

案主：弟弟，你小时候真的太讨厌了，你总是欺负我，你不知道那时候我也很害怕吗？你拿刀子架在我脖子上的时候，我真怕你一刀砍下去，我的命就没了，因为之前我就被你砍过一次，所以我很怕你，你只要稍微用一下力，可能我的命就没了，你为什么这样对我？

赵中华：我们今天要把你心中的这个恐惧和愤怒从心里除掉，把未了结的事件了结了，你已经长大了，有能力消除掉这件事了。现在你闭上眼睛，想象一下你弟弟当时是如何把刀架在你脖子上的，你可以把这么多年的愤怒发泄出来，可以大声喊：我讨厌你！然后把弟弟推到幕布后面去，让他远离你的世界。

案主：（一边推弟弟代表，一边大声喊）我讨厌你，你走开，你为什么欺负我？你为什么用刀威胁我？你是男孩就了不起吗？就可以欺负我吗？你走开。

赵中华：你把他推掉，不是推掉了弟弟，是把这件事推掉了。

老师带着弟弟代表一起说

姐姐，对不起，因为我从小被爸妈惯坏了，所以我很任性，真的对不起，我不该欺负你，你是我的姐姐，你是大的，我是小的，我应该尊敬你，对不起！

赵中华：听到弟弟这样说，你是不是感觉好多了？

案主：感觉好一些。

赵中华：其实弟弟的事情和父母有关，如果父母当时能够出来说句公道话，你不会这么委屈。

爸爸代表：我们只是觉得他们是在打闹，没想到这么严重，现在觉得很内疚，很后悔。

赵中华：刚才你说过，对父亲的美好回忆只有一次钓螃蟹，这就意味着你缺失父爱，导致你长大后不知道如何处理与异性的关系。

案主：是的，我现在能回忆起很多和妈妈生活的细节，但和爸爸生活的细节很少，除了钓螃蟹，还有一个就是爸爸送我去读高中，在几千个人的名单中一眼就找到我的名字，我印象也比较深。

赵中华：你小时候有亲子中断吗？

案主：没有，一直在父母身边。

赵中华：我觉得需要处理一下你与爸爸的关系，你想象自己回到童年，你慢慢地往前面跑，一边跑，一边和我一起说。

老师带着案主一起说

爸爸，我需要你，妈妈，我也需要你，我是你们的女儿，我希望你们能看见我，我也需要爱，我也需要关注，我也需要被滋养，你们在哪里？我需要你们的照顾，你们在哪里？爸爸你在哪里？我需要你，我需要你的爱，需要你看到我，我要你保护我，我还那么小，需要你们的保护，爸爸，抱抱我，我们终于回家了。

赵中华：其实最大的创伤是来自于爸爸没有及时保护你，孩子在很小的时候无法保护自己，需要父母的保护，在这方面你是有缺失的，以至于你长大后很敏感，一旦触碰到你的创伤，就会难受。今天终于有人保护你了，你终于不再流浪，终于有人爱你，终于回家了，这么多年，没有看见你，今天终于看见你了，并且终于有人保护你了，好不好？

案主：很好，我感到身体在发热。

赵中华：非常好，我再带你父母代表说几句话

老师带着爸爸和妈妈代表一起说

爸爸在，妈妈也在，我们忽视你了，对不起，你也是我们的好女儿，爸爸妈妈爱你！

赵中华：想象你的身体就像海绵一样，躺在妈妈的怀抱里，躺在爸爸的怀抱里，感受他们的爱，感觉自己像一个婴儿一样，去感受父母的温暖，感觉自己不再孤单，不再寂寞，让恐惧和愤怒从此远离你，像热气一

样升腾而去。好，你睁开眼睛吧，感觉怎么样?

案主：我最大的一个收获，就是我之前都没有意识到自己其实是需要父母的保护，我以前只想到是弟弟伤害了我，我很讨厌弟弟，今天才明白，我最渴望的是被保护，被爸爸妈妈保护，被爸爸妈妈看见。今天第二个收获就是刚刚在推弟弟的时候，我觉得这件事情从我的心里推出去了，以前讲到我弟弟这个创伤时，我的胸口就很堵很难受，但是刚刚推他之后，我觉得这个事情被我推出去了，我的胸口现在就没那么堵了，心里轻松了很多。

赵中华：布置两个作业，第一个作业就是每一天写一件自己肯定自己的事情，每天要找自己一个优点，坚持21天；第二个作业就是每天对过去的自己说，我看见你了，我感受到你了，我接纳你，我爱你。

赵中华洞见

案主的目标是想处理和弟弟的关系，由于弟弟拿刀架在姐姐的脖子上造成了后者心理的创伤，其中包括：

1.恐惧感。案主在童年经历了无法承受的痛苦，这种记忆遗留在她的身体里面，以至于在结婚之后她对老公也会有恐惧感，所以当案主推开这件事的时候，她感受到了轻松。

2.安全感。案主当时的年龄很小，当她遇到危险时，父母没有及时给予她保护，同时在家庭当中有重男轻女的思想，导致案主没有安全感。

3.资格感。案主的原生家非常重视她的弟弟，案主心里感觉父母爱弟弟多过爱她，所以她内心有个声音一直在说，为什么我不是男孩，如果我也是个男孩，也许爸爸妈妈就会爱我多一点。这样的心理暗示直接影响了她本人的身份认同，她不认同自己的女孩身份，甚至影响了夫妻的亲密关系……

所以童年的未了事件对人的影响是很深远的!

情绪突然爆发源于童年的创伤被激活

案主：女士，33岁，希望改善自己的情绪。

赵中华：你想做什么主题？

案主：我遇到问题就很急躁，不能理性地处理问题，我希望改善情绪，不要太着急，对家人能够温柔一些，给他们更多温暖。我和我父亲性格一样。

赵中华：你遗传了父亲的性格是一方面，另一个重要原因可能是你小时候的创伤被激发了。当生活中出现一些事情，比如说孩子没有做作业、孩子不洗澡，本来是很小的事情，但你会非常生气，甚至情绪失控，这就代表你童年的创伤被激发了，孩子会在不同的年龄激发你当年的不同创伤。你孩子6岁会激发你6岁的创伤，你孩子10岁会激发你10岁的创伤，你孩子14岁会激发你14岁的创伤，而你所有的创伤会通过两个人激发出来，一个是孩子，另一个是伴侣，一旦遇到孩子和伴侣，你会把童年没有满足的期待和渴望投射在这两个人身上，这两个人就会激发你的创伤，让你失控、焦虑。你结婚几年了？

案主：我结婚11年，有一个儿子，一个女儿。

赵中华：你给你们夫妻关系打几分？

案主：七八分。平时还挺好，遇到观点不一致，或者教育孩子时就会争吵。

赵中华：再谈谈你妈妈吧。

案主：我妈妈特别温柔，特别大气，不会斤斤计较，宁愿自己吃亏一点，都不想和别人争吵。

赵中华：你爸爸呢？

案主：我爸爸就是脾气暴躁一点，但很有能力，对朋友特别舍得付出，在我们村里，大家有什么事都找我爸去帮他们解决。

赵中华：你为什么说你爸爸暴躁，哪些方面暴躁？

案主：他对我妈不好。

赵中华：怎么不好？

案主：我妈平常说一句很正常的话，他就会大发雷霆。

赵中华：你和你老公吵架的时候，你有没有这种大发雷霆的时候？

案主：有。

赵中华：你爸爸妈妈吵架，你支持谁多一点？

案主：我会劝我妈别说了，我怕我妈说多了，我爸动手打我妈。我一直羡慕别人有一个幸福的家，希望自己也有个幸福的家庭。

赵中华：形容一下你自己。

案主：我挺善良的，对朋友很好，但脾气不好，性格急躁。

赵中华：你说一件最近发生的，让你非常生气的一件事。

案主：孩子在家上网课，我在家装了一个摄像头，在办公室我看见他上课在打游戏，我就非常生气，马上开车回家，本来是想揍他一顿，路上自己冷静了一下，最后没有打他，说了他几句。

赵中华：你有过亲子中断吗？

案主：有过，我从五六岁开始一直到十几岁都是在奶奶家或者外婆家、舅妈家生活。

赵中华：亲子中断会对人的安全感产生很大影响，包括你装摄像头这件事情，都说明你没有安全感。那我们今天的目标就是要让自己情绪稳定一点，能够对老公和孩子温柔一点，让家庭幸福。

• 排列呈现

（引入爸爸代表、妈妈代表、哥哥代表、姐姐代表、案主代表）

赵中华：大家跟着感觉移动一下（见图2-6）。

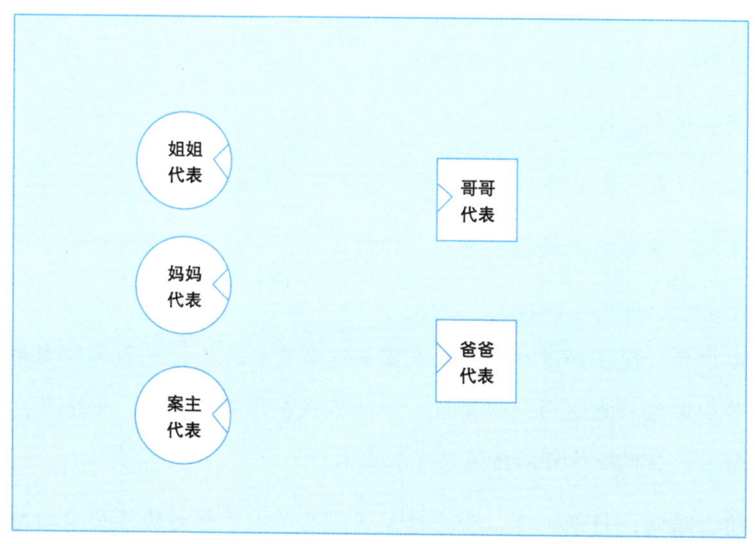

图2-6 各位代表排列呈现

赵中华：你和你妈妈确实关系好一些，因为你和妈妈离得挺近的。

案主代表：我就想挨着妈妈，想离爸爸远些，在妈妈身边有安全感。

赵中华：你摆出家庭吵架的样子（见图2-7）。

• 排列呈现

（摆出家庭吵架的样子）

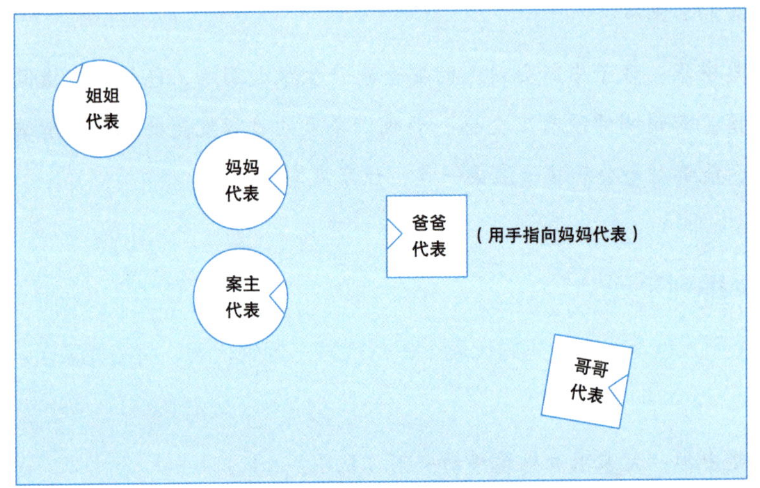

图2-7　各位代表排列呈现

爸爸代表：我不想听老婆唠叨。

妈妈代表：我想离老公远点，不想受伤害。

案主代表：我觉得妈妈很委屈，爸爸不应该这样做。

案主：我感觉很恐惧。爸爸，你讨厌我，你对我们没有说过任何肯定的话。

赵中华：现在知道你为什么在家里这么爱发脾气，是因为你童年的创伤。你小时候一直想为妈妈复仇，但并不代表你不爱爸爸，你很累，你越操心越累。在现场你可以把愤怒发泄出来。

闭上眼睛，想象一下，爸爸对妈妈的态度，爸爸对你不公平的待遇，然后把你的情绪传到枕头上，抓住枕头，摔在椅子上。

案主（一边摔枕头一边说）：我讨厌你，为什么这样对妈妈，我讨厌你。爸爸，我希望你能鼓励我，我也是很棒的。

赵中华：为什么我们不会讨厌一个陌生人，为什么会讨厌爸爸，因为爱他，因为我们需要亲人的爱。

赵中华：你期待你爸爸怎样鼓励你？

案主：我希望他说，女儿，你很优秀。

爸爸代表：女儿，你很优秀。女儿，你很优秀。

赵中华：你心里什么感受？

案主：好受些。

老师带着案主一起说

爸爸，你是我的爸爸，我是你的女儿，因为爱你，我复制了你性格中的暴躁，今天，我决定把这份暴躁还给你，它不属于我，请原谅我的不孝，对不起！

赵中华：给爸爸鞠躬。想象你身上有道白色的光，飞到你爸爸身上，飞完了，就退一步。

老师带着妈妈代表一起说

女儿，我知道你很爱我，但是，这个男人是我选的，这是我的命运，与你无关，他是我的老公，你是我的女儿，谢谢你！你救不了我，这是我们的命，这是我选择的人生。

赵中华：很多孩子都会纠缠在父母的感情中间，想救他们两个人，因此就没有时间爱自己的老公。

老师带着爸爸代表一起说

女儿，这是我们的人生，这是我们相爱的方式，和你无关，谢谢你！

老师带着案主一起说

妈妈，你和我诉苦，我可以聆听，但我只是你的女儿，我没办法给你建议，因为你是成人，成人要为自己的选择负责任。

• 排列呈现

（引入老公代表、儿子代表、女儿代表）

赵中华：大家跟着感觉移动一下（见图2-8）。

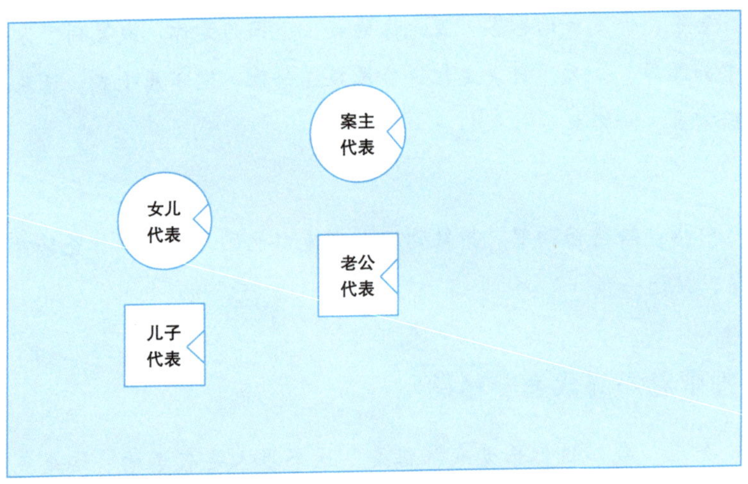

图2-8　各位代表排列呈现

赵中华：看得出来，孩子们很关注你俩的关系。你在童年有些期待没有得到满足，你总想把对爸爸的期待，放在老公身上。

老师带着老公代表一起说

我只是你的老公，不是你的爸爸，没资格做你的爸爸，对不起，请你原谅！

赵中华：没有期待就不会相爱，我们做我们能做的，接受我们能接受的，不能接受的就放下，没关系。（问案主孩子）你看着妈妈什么感受？

儿子代表：觉得妈妈很可怜。

赵中华：没有完美的妈妈，也没有完美的孩子，每个人都会对孩子有些伤害。

老师带着案主一起说

孩子，妈妈以前对你们有些伤害，妈妈不是一个完美的妈妈，请你原谅我。

儿子代表：希望妈妈今后开心一点。

女儿代表：我希望你说话声音小一点，我害怕。

赵中华：你回家后的作业是，你从此以后多唱歌，把情绪化成歌声，情绪一定要有出口。

案主：我记住了，谢谢老师。

赵中华洞见

有的人在教育孩子时经常控制不住自己的情绪，比如孩子今天有点顽皮，或者孩子今天没有按时写作业，或者摔坏了一个杯子，家长的情绪就会失控，对孩子大打出手，虽然事后会后悔，但遇到同样的情况时还是控制不住自己的情绪，这背后的原因是这个人的童年创伤被激活了，也许这种情绪在你的身体里有很多年了，当触碰到这个创伤时它终于爆发了，遇到这样的情况如何疗愈自己？第一，学会舒缓情绪；第二，需要疗愈自己心中那个受伤的小孩；第三，找专业的心理教练帮助改善。

我对自己有能力完成的事也会感到很焦虑

案主：男士，42岁，探索自身的紧张感。

赵中华：你想做什么主题？

案主：我想知道，为什么我想做一件事情，我本来有能力完成，但我却总是感觉很紧张。

赵中华：从什么时候开始的？

案主：我读中专时，当时17岁，我在学校成立一个社团，茶不思饭不想，压力特别大。

赵中华：说明这个职位对你很重要，最后结果怎样？

案主：结果还可以，但没达到我预想的效果，我始终感觉压力很大，担心自己做不好。

赵中华：你回忆一下，小时候有没有让你紧张的事情？

案主：我小升初时，要去几公里以外的初中考试，以前没有一个人走过这么远的路，去之前，我心里很害怕，当时才12岁。

赵中华：你今天希望达到什么目标？

案主：提升自己的自信心。

赵中华：你的这份紧张在身体的哪个部位？把手放在这个部位上说，我感受到你了，我接纳你，用我最好的爱祝福你，谢谢你！

• 排列呈现

（引入17岁的案主代表、老师代表、三个社团成员代表）

赵中华：大家跟着感觉移动一下（见图2-9）。

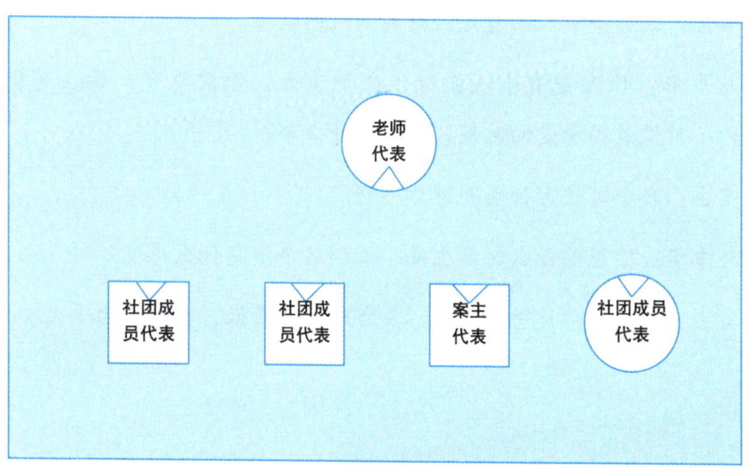

图2-9 各位代表排列呈现

老师带着社团成员代表一起说

你为我们付出了很多，你做得很棒，你做得很优秀，谢谢你！

老师带着老师代表一起说

我是你的老师，你做得很好，为这件事你付出了很多，作为老师的代表，谢谢你！

赵中华：你听到大家这样说，你什么感受？

案主：挺感动的，以前做得好与不好，大家也没有说这样的话。

赵中华：你闭上眼睛，回忆一下，你害怕什么？

案主：我怕做不好。

赵中华：你在渴望什么？

案主：我渴望别人的肯定，得到别人的认可。

赵中华：你渴望有个人能帮你分担压力，你需要爱，你在渴望谁的爱？你小时候最渴望爱的时候，发生过什么事？

案主：我小时候害怕爸爸身体不好。

赵中华：你爸是什么时候生病？听到这个消息什么感受？

案主：我10岁时爸爸生病了，我当时特别紧张，感觉压力很大。

• 排列呈现

（引入10岁的案主代表、爸爸代表）

赵中华：大家跟着感觉移动一下（见图2-10）。

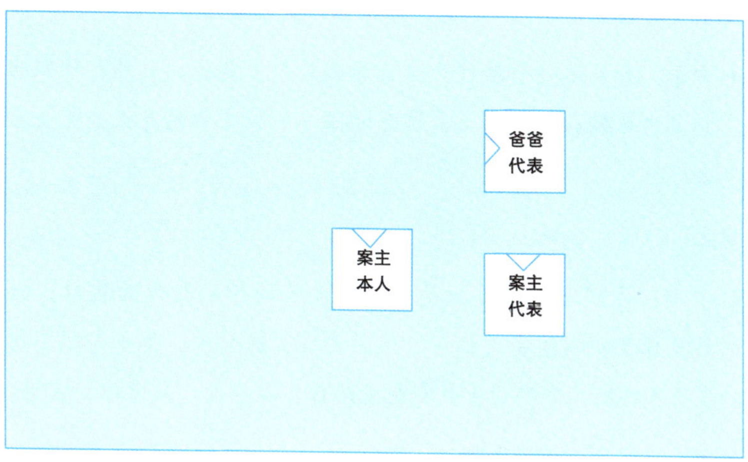

图2-10 各位代表排列呈现

老师带着案主一起说

爸爸，我很需要你的爱，我长大后遇到困难的时候，就会让我回忆起我对你爱的渴望，我遇到事后的紧张，就是我对你爱的渴望。

赵中华：你闭上眼睛，每往前走一步就小十岁，回想你10岁时特别需要爸爸的爱，和爸爸做一下连接。

老师带着案主一起说

爸爸，我需要你的爱，我需要你的支持，有时我很紧张，因为我感觉缺少你的爱，爸爸，你在哪里？请你给我一些爱，我需要你，请给我力量。

赵中华：想象你的喉咙和胸口，在接受爸爸的力量，有一股热流，连接到你的身体，爸爸的爱流进你的身体，通过你的鼻孔、喉咙流进你的身体，源源不断的力量进入你的身体。

案主（与爸爸相拥）：爸爸，谢谢你，给予我生命。

赵中华：如果用一个动作让自己能够放松，是什么动作？你做出这个动作，想象自己躺在一条船上，暖暖的阳光照射在你的身上，完全放松。感觉怎么样？

案主：舒服，放松。

赵中华：你回家后的作业是，想象10岁的你趴在你的胸口，抚摸他说，我看见你了，我感受到你了，我接受你，我爱你，你小时候不容易，我以42岁的我抚摸10岁的你，让我把爱给你，疗愈你，我爱你，宝贝。

案主：记住了，谢谢老师。

赵中华洞见

在我们心理疗愈的过程中，其实有一个主题叫未了结事件，指的是你童年时发生的一件对你影响很大的事情，在你当时的年龄是无法承受的，对你造成了心理影响或者是羞耻感……这些等你长大之后，它会对你继续造成影响，而我们心理教练就是去协助案主了结那个未了结的事件，我们改变不了已经发生的事情，但是可以改变已经发生事情的意义。

在“无我”的婚姻中找回自我价值

案主：女士，43岁，希望处理家族系统动力。

赵中华：你想做什么主题？

案主：探索我的原生家庭对我的影响，我现在婚姻和财运都不好。

赵中华：举例说明。

案主：我在感情上遇到好多骗子。我的第一段婚姻是我违背家里的意愿和男友私奔出去打工，为了他，我牺牲了前程和财富，但最终我觉得他欺骗了我，我们离婚了。第二段婚姻，刚结婚时我觉得他人挺好的，后来发现他喜欢在网上和别人聊天，聊一些不堪入目的话题，婚后他出轨5次，我都原谅了他，2018年无意中我又撞见了他出轨，我才下决心断绝我们之间的关系。从2014年一直到2018年，这几年的时间，我们很少过夫妻生活，我感觉我心里特别害怕。

赵中华：聊一下你的原生家庭吧。

案主：我爸爸比较凶，我害怕他，他是一个特别严肃的人，他每次喊我，我就要第一时间出现在他面前，我很怕自己去晚一点被他骂，哪怕是他叫我去吃西瓜，口气都是很凶的样子，我一听我爸叫我，心里就会咯噔一下。我妈妈很温柔，非常爱我，她经常问我爸，这么乖的女儿，你怎么舍得打骂呢？我也讨厌我自己的性格，觉得就是因为我，我爸妈才吵架的。

我有一个弟弟，比我小7岁，他是超生的，我父母为什么冒着降工资的风险还要再生一个？我妈说生女儿没有用，所以要再生一个，我那时就明白了，因为我没有用，就又生个弟弟，之后我爸妈的爱就给了弟弟。

赵中华：你从什么时候开始害怕你爸？

案主：我从小就害怕他，他说话声音很大时我就特别害怕。

赵中华：你闭上眼睛，你回忆一下最害怕的一次是什么事，当时你几岁。

案主：我9岁时，我妈妈去我外婆家，我出去玩，我爸爸找到我，一巴掌把我牙齿打掉了。

赵中华：你父母的感情怎么样？

案主：他们感情挺好的，但也会吵架，特别有意思的是，我爸和所有人发脾气，但不和我妈发脾气，我妈和所有人不发脾气，但只和我爸发脾气。

赵中华：你小时候有亲子中断吗？

案主：没有。

赵中华：你今天的目标是什么？希望未来怎样？

案主：我希望自己从两段失败的婚姻中吸取教训，开启新生活。

• 排列呈现

（引入案主代表、爸爸代表、妈妈代表、弟弟代表）

赵中华：大家跟着感觉移动一下（见图2-11）。

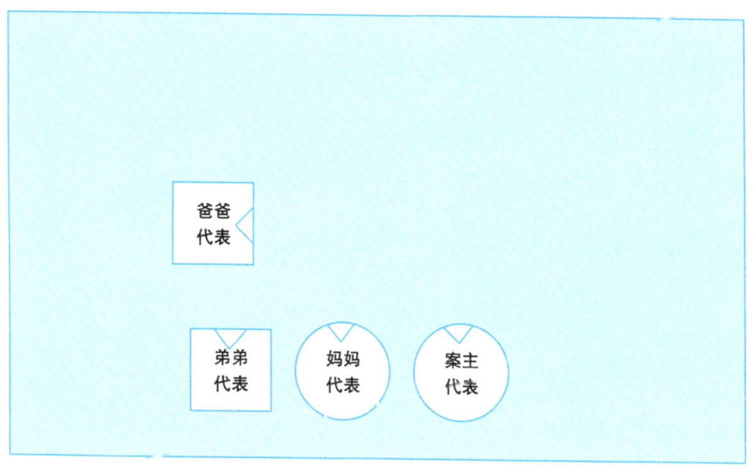

图2-11 各位代表排列呈现

妈妈代表：感觉看到女儿挺舒服的。

案主代表：不想看爸爸。

爸爸代表：想靠近老婆，觉得弟弟代表占了我的位置，不太舒服。

弟弟代表：觉得站在妈妈身边很舒服。

案主代表：感觉很失落，自己在这个家不重要。

案主：我妈妈很爱弟弟，但有点恨铁不成钢。

赵中华：你9岁挨打，希望未来婚姻幸福，最重要的就是做转化。闭上眼睛，放松，每往前走一步小10岁，回到9岁的时候，回想挨打时的感受。

案主：我很害怕，非常恐惧。

赵中华：睁开眼睛，有什么话和爸爸说？

案主：爸爸，我很怕你，听到你的声音我就害怕，听到你喊我的名字就很害怕，我也不敢恨你。

赵中华：你问题的根源是没有自我。你老公出轨5次，你都原谅他了，你对父亲不敢恨，这些都说明你根本无法做自己，40多年都在你爸爸的阴影笼罩下生活。你没有自我，哪来的婚姻幸福？没有哪个孩子能忍受把牙打掉，把你的愤怒传到这个枕头上，通过摔枕头，把你的难过和愤怒都摔出去，这不代表你不爱爸爸，是你要把愤怒发泄出来。

请你大声喊出来，爸爸我想做自己，求求你，我想做自己，我真的很累。我都这样乖了，你还是打我，我恨你。

（案主摔打枕头，发泄愤怒。）

• 排列呈现

（引入过去的案主代表）

赵中华：你们相对站好（见图2-12）。

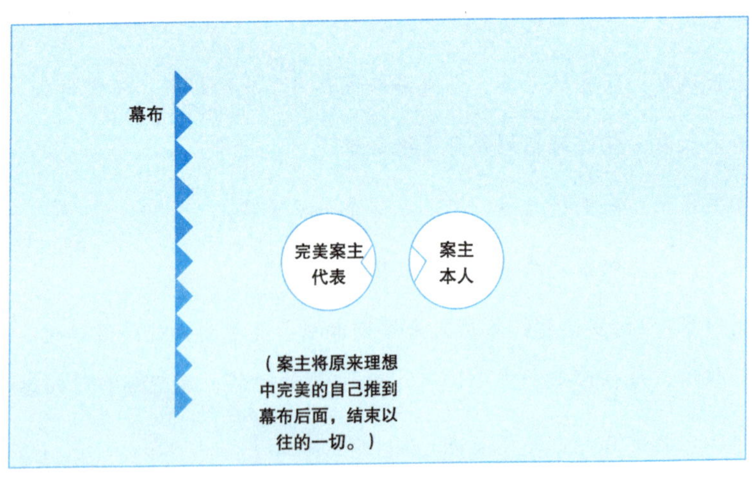

图2-12 各位代表排列呈现

赵中华：这是以前那个你，要做一个听话的孩子，认为自己什么都做不好的那个你，如果你继续把她留在你心里，你就没办法幸福快乐。这个不是你，这是你爸爸妈妈塑造出来的样子，为了前夫，为了弟弟，为了父母，就像一个没有自我的躯壳。今天你必须和她告别，让全新的你和过去的你告别，否则你未来没有幸福。

过去的案主代表：我要听话，我要乖，我要拯救父母，我要拯救弟弟。

案主：你走吧，请你离开我。

老师带着案主一起说

爸爸，谢谢你陪伴我，我想做自己，我太累了，我做不了完美的人，我只能做自己。

赵中华：你最希望爸爸和你说什么？

案主：你是值得我骄傲的。

爸爸代表：女儿，你是值得我骄傲的。

赵中华：你希望妈妈和你说什么话？

案主：你是我最爱的女儿。

妈妈代表：你是我最爱的女儿。

赵中华：闭上眼睛，回到你最小的时候，你在妈妈的怀抱里，牺牲了自己，没有一刻爱自己，孤独无助，爸爸一巴掌下去把你的牙打掉了，你的这种难受在身体中哪个位置？你抚摸这个位置，说，我看到你了，我感受到你了，我连接到你了，我爱你，宝贝。

如果用一个动作代表爱自己，你用什么动作？反复做这个动作，慢慢做，你不再孤单，让我来爱你，让我来疗愈你，我爱你。去拥抱一下你的爸爸妈妈，感受爱的传递。

案主：我感觉好多了，谢谢老师。

赵中华洞见

萨提亚在研究原生家庭时发现，因为原生家庭父母的性格不同，塑造出四种“假我”的类型：指责型、讨好型、打岔型、超理智型。而这四种类型，都远离了“真我”，在结婚后，这四种类型同样会出现在夫妻相处的方式中，比如妻子在丈夫面前永远是一种讨好的姿态，虽然在别人的眼中她是一位好妻子，但她自己并不快乐，甚至很委屈。她本人活得不是那么真实，永远戴着面具在经营婚姻……

所以我们心理教练的目标就是协助案主看清真相，建立高自我价值感，不追求完美，学会欣赏自己，爱自己。

第三章 CHAPTER 3

亲子关系：以分离为目标的爱

亲子之爱

爱有多种，伴侣之爱、兄妹之爱、同学之爱、朋友之爱、师生之爱、亲子之爱，这众多的爱中，只有**亲子之爱是走向分离的爱**。

伴侣之爱我们是希望彼此靠近，朋友、同学、师生都是希望我们的关系越来越亲密，而孩子随着年龄增长，就越来越想和父母分离，这里指的分离有两种，即身体的分离和心灵的分离。

妈妈经过10月怀胎，就是为了有一天让我们离开妈妈的肚子成为一个独立的人。所以我们与孩子的爱是走向分离的爱，随着孩子的年龄越来越大，离分离的时间就越来越近，我这里指的分离是来自心灵层面的分离。

由此我们衍生出培养孩子的核心概念，即培养一个独立的孩子。既然孩子迟早有一天要离开父母，那父母需要怎样来教育孩子呢？如果孩子8岁了，父母还喂饭，帮洗澡，他的一切事情全部父母代替孩子来做，你觉得这样的孩子离开父母之后是独立的？还是无能的？所以我经常讲，孩子3岁之前要给足孩子安全感和爱，随着孩子年龄的增长，父母要适当地让孩子

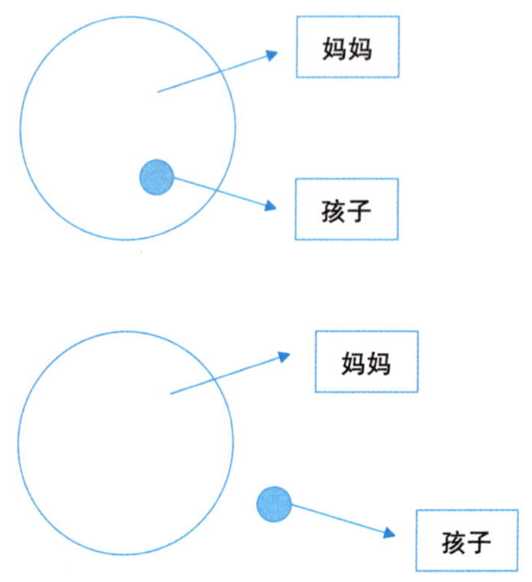

图3-1　走向分离的亲子之爱

独立地做一些事情。父母要学会逐步放手，什么时候让孩子独立吃饭？什么时候让孩子自己穿衣服？什么时候让孩子自己洗澡？哪些事情孩子可以独立去做主？这些都是我们父母要去思考的。**而不是始终和孩子纠缠在一起，让爱无法流动（详见图3-1）**。

时代在发展，我们不能沿用父辈教育孩子的模板来教育我们的孩子，现在孩子的童年也不是当年我们的童年，不论是环境还是见识，都发生了很大的变化，所以父母的教育能力一定要跟上时代的发展。

病态共生

我们生命的开始和妈妈是一个整体，我们共用同一个身体，妈妈吃什么就代表我吃什么，妈妈是什么情绪，我也能感受到，所以我们生命的开始和妈妈是一种共生的状态。而当我们从妈妈的身体里面分离出来的时候，是由一根脐带连接着彼此，而医生会剪掉脐带，让我们成为独立的个体，而我们很多家庭，**妈妈心里的脐带并没有剪断，**我们把这种关系称之为：病态共生关系。我们再看一下吴谢宇的案例。

吴谢宇的妈妈是一名老师，同时吴谢宇的表现可以说是非常优秀，拿奖拿到手软，并且以优异的成绩考上了北大经济系。临行前谢天琴让吴谢宇每天都要给她打电话，事无巨细地分享他每天在学校里做了什么。在进入大学后，吴谢宇照做了，他每天坚持给谢天琴通电话，通话内容包括他今天吃了什么，花了多少钱，见了什么人，学了什么知识……渐渐地，吴谢宇有些厌烦了，他不想再过这样的生活。恰在此时，一个机会摆在了他的面前，他获得了出国留学的资格。为了彻底摆脱母亲的管制，吴谢宇把希望寄托在了留学上。他拼命学习，2014年9月13日，吴谢宇参加了GRE考试，获得了高分。

当他把出国留学的想法告诉给谢天琴时，谢天琴提了一个要求："出国你也照顾不好自己，不如我跟你一起去吧！"母亲的这句话对吴谢宇宛若晴天霹雳，他有些崩溃了，也因此产生了弑母后自杀的想法，因为只有这样，他和母亲才都不会那么痛苦。

2015年3月中旬，吴谢宇突然告诉老师，自己家中有事，没办法继续上课了，最终，他在5月离开了北大。6月底，吴谢宇在回福州前购买了各种刀具、防水塑料布、防油桌垫、干燥剂、防霉包、隔离服等。其中仅刀具就购买了剔骨刀、菜刀、雕刻刀、锯条等。而在福州的谢天琴四处宣称自己即将和儿子出国，大家都可以感受到这位母亲对儿子回家的愉悦和期待。

7月11日，谢天琴准备外出时，吴谢宇手持哑铃跟在她的背后。趁谢天琴弯腰换鞋时，吴谢宇迅速掏出哑铃，砸向了谢天琴的后脑勺，谢天琴当场殒命。之后，他拿出提前准备好的刀具，想将谢天琴分解，然后再跳楼自杀。可当他看到谢天琴死亡的样子后，他开始害怕，又不想死了。于是他在之后的半个月里，购买了大量的活性炭、塑料薄膜、防水布以及2个摄像头。东西买回来后，他将谢天琴一层一层用塑料薄膜包裹起来，并且在每层都塞入了大量的活性炭，防止尸体腐臭。随后，他又将两个摄像头分别对准大门和尸体，只要有人进入房间，吴谢宇就能立即通过手机查看现场情况。

一切处理妥当后，吴谢宇为母亲伪造了一封辞职信，随后寄给了谢天琴的学校。之后甚至以谢天琴的名义开了个盛大的退休宴，邀请了谢天琴的同事、好友以及邻居等人。

从这个案例里面不难看出吴谢宇是非常想做自己，独立地做自己，而从吴谢宇的妈妈对孩子的种种细节看，我们可以感受到她和孩子的这种爱的纠缠。

有一个孩子的妈妈向我求助，她说孩子没有目标感，喜欢待在家里。通过咨询了解到这位妈妈的婚姻不是很顺利，很早就离异了，和孩子相依为命，孩子几乎成了妈妈唯一的动力来源，**孩子快乐妈妈就快乐，孩子痛苦妈妈就痛苦，这就是典型的共生关系**。我还记得当时我拿出了一根绳子牵着彼此，代表共生状态，然后拿出一把剪刀，要求孩子剪掉绳子，孩子在我的引导下顺利完成，而妈妈剪绳子的时候表现得非常不舍、非常心疼，甚至都下不了手。所以我经常讲，**不是孩子离不开妈妈，而是妈妈离不开孩子**。只有完成了这份心理的分离，彼此的生命才真正开始。

那为什么会出现严重的共生关系呢？其实我们与父母的共生关系广泛存在，只是多少不同，影响程度不同而已，那种超过正常范畴的共生关系和妈妈本人的价值观有非常大的关系，当本人的价值感不够的时候，母亲就会把大量的期待投射在孩子身上，期待孩子去弥补自己的缺失和遗憾。比如：爸爸妈妈有一个遗憾是没有上过大学，就特别希望孩子一定要考上大学；爸爸妈妈从小有个遗憾不会弹钢琴，就拼命地让孩子练习钢琴，这些都是出现共生关系的根源，希望孩子成为自己的梦想衍生品，其实这种关系是非常可怕的关系，就代表着孩子不能做自己，孩子成为父母的傀儡。而最终的结果一定是亲子关系恶化，父母最终以失败和失望告终。

那解决之道是什么呢？我给大家三个建议：

1. **提升自己的价值感**。所谓的价值感就是让自己做一个有价值的人，我有梦想，我有追求，我的期待我来负责，我欣赏我自己，我爱我自己。

2. **认清你的孩子不属于你**。孩子永远成为不了你理想中的孩子，因为他是他，你是你，允许孩子和你期待的不同，让孩子做自己，给孩子尊重和一定的空间。

3. **寻求心理疗愈**。当你们的亲子关系已经到了非常恶劣的程度，出现冷漠或者冲突的时候，寻求**专业的心理疗愈教练的帮助**，一对一个案的支持，加上父母的学习是非常有必要的。

俄狄浦斯情结

恋母情结又称作俄狄浦斯情结。神话“俄狄浦斯王”中讲述了俄狄浦斯王子命中注定他必然会杀死自己的父亲，娶自己的母亲为妻，他虽然终生小心，极力避免，但仍在不知不觉中犯下杀父、娶母两桩大罪，弗洛伊德认为这个情节反映了男孩爱母憎父的本能愿望，而女孩则有恋父情结，即憎母爱父的本能愿望，又称“伊赖克特情结”。

人的这种本能愿望是从原始人的心理中继承下来的，不可避免，无法抗拒，永远留存在人类的无意识领域，它持续活动，以性本能为核心，带有强烈的情感色彩，以致使人总是产生悔罪之感。

“恋母情结”“恋父情结”其实我们每个人都有，只是多少不同。而这种情结什么时候会比较严重呢？是当父母关系恶劣的时候，当父母关系恶劣时，孩子就想去保护那个弱者，比如爸爸妈妈吵架，爸爸经常指责妈妈，作为儿子就会有一种想去保护妈妈的冲动，内心会觉得这个爸爸做得不称职，让我来爱妈妈吧，而妈妈也会自动地把在老公那里没有得到的爱投射到孩子身上，**从而产生了一种“恋子情结”，并纠缠其中无法自拔。**

同样，如果是女孩看到妈妈总是指责爸爸、抱怨爸爸，或者妈妈比较强势，爸爸比较老实，这个时候女儿就会想去拯救她的爸爸，**觉得爸爸不容易，同情爸爸，想去弥补妈妈没有做到的部分，**而父亲也会相对比较疼爱这个女儿，从而他们的关系也会出现爱的纠缠。等这位女儿长大之后，在选择伴侣时，也会以她爸爸为参照，或者重复她的原生家庭模式。

婆媳关系不好相处，有一个原因也是因为俄狄浦斯情结。首先，婆婆和媳妇都希望成为这位男人心中最重要的那个人，婆婆没有做到及时放手，让孩子独立，陷入“恋子情结”不能自拔，**所以要解决在心中唯一的问题。**其次，儿子有“恋母情结”，当儿子发现妈妈过得不容易，妈妈很不容易才把我养大成人，我绝对不能让我妈妈受苦，所以妈妈永远是第一位，老婆永远第二位，这就是典型的“恋母情结”，儿子与妈妈之间爱的纠缠，同时爸爸的位置也错位了，**当男人觉得妈妈永远是最重要的第一位，说明**男人内心有两个“老婆”，一个是妈妈，一个是爱人，就是出现三角关系，但当事人很难察觉的，所谓当局者迷，旁观者清就是这个意思，那如何处理呢？我们线下会通过个案的呈现，然后回到自己的位置，做心理的告别仪式，表达爱的语言。

身份错位

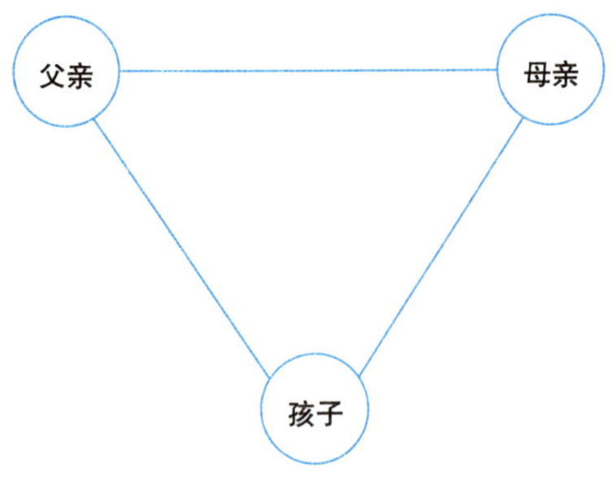

图3-2　家庭铁三角

错位一：孩子要做父母的伴侣。

当一个男人和一个女人相爱就形成了我们家庭最初的模型，同时男人和女人也是属于平行的位置，所以在恋爱的时候，相对来说矛盾会少很多，而当正式结婚进入家庭，有了孩子之后就出现了家庭关系铁三角，大家可以看到图3-2，父母在上面，孩子在下面，如果我用楼层来比喻，父母在二楼，孩子在一楼，那什么是身份错位呢？就是序位颠倒了。

我在线下授课时经常问学生们一个问题，当你很小的时候，你的父母发生矛盾，你站在谁的一边？有人说我站妈妈这边，有人说我站爸爸这边，也有同学说我两边都不站。我小时候我父母吵架时，我是站在妈妈这边的，我和我妹妹一起站在妈妈这边，你可以想象一个画面，一家四口，三个人站一个战线，我爸爸一个人站一条战线，那为什么我们会站在我妈妈那边呢？原因是我妈妈经常会以一种受害者的身份向我们展示，说爸爸怎么不顾家或者老是去打麻将等，经常哭诉她的痛苦与委屈，而我和妹妹就会同情妈妈，一起指责爸爸，这就是一种身份错位。

当父母的关系不好时，孩子就会想去拯救自己的父母，从一楼上升到二楼，做父母心中的伴侣，妈妈过得痛苦，那就让我这个儿子来爱妈妈，爸爸过得不幸福，那就让我这个女儿来疗愈爸爸，我这里说的意思，不是让大家以后不爱父母了，**而是让我们回到自己的位置去爱父母，让爱流动而不是让爱纠缠。**

一切源于爱一切始于爱，孩子爱父母甚至可以牺牲自己的幸福，婆媳关系就是最好的见证，当父母关系非常恶劣，妈妈很辛苦时，这个时候儿子非常容易去救他的妈妈，不允许媳妇对妈妈不好，这样也是身份错位。其实妈妈是成人，妈妈的人生是她自己选择的，所以我们只能做父母的孩子，不能做父母的伴侣，父母之间爱的缺失，孩子是没能力，也没资格去代替伴侣完成的。

错位二：孩子做了父母的父母。

当孩子成家之后，生活条件比爸爸妈妈当年不知道好了多少倍，这个时候就会出现另外一种身份错位，**孩子觉得父母可怜，想改变父母，这就是另一种身份错位，**想做父母的父母，当你发现在你家庭当中，孩子对父母态度非常不好，嫌弃自己的父母，这也不行，那也不行，这就是代表孩子身份已经上升到父母身份了，违背了家族系统序位，不接受自己的父母本来的样子就很难接受自己。因为我们的生命来自父母，**然而这种身份错位，当事人很难察觉。**

同时还有另外一种情况，孩子用抑郁或者其他方式来拯救父母，我曾经做过一个个案，孩子抑郁了，整天都不出门，通过咨询了解到孩子的父母离婚了，孩子和妈妈相依为命，孩子一直同情妈妈，觉得妈妈非常不容易，爸爸抛弃了自己和妈妈，孩子潜意识里面决定用“抑郁”的方式来拯救妈妈，不能让妈妈再受苦，当我的个案呈现出来之后，妈妈非常震惊，甚至都不敢相信孩子用这样的方式在拯救自己，妈妈当场泪流满面，内心受到非常大的触动，**最后我给他们做了身份错位的解除，每个人都回到了自己该有的位置。**

当在家庭中，一个人感觉非常累时，也许就和身份错位有关。当我们是孩子的时候，认为自己可以拯救父母，认为只要自己乖一点父母就不会闹离婚，自己可以拯救他们，可是你慢慢会发现孩子拯救父母是不可能成功的，因为孩子做不了父母的父母。我的一个学员说，赵老师，我爸爸一天抽三包烟，我说了我爸好多年了，怎么就是改变不了？我想了很多办法都不行，赵老师我该怎么办？我说，我知道你很爱你的爸爸，但你改变不了他，除非你是他的妈妈，否则你不可能成功。

我们经常可以看到家庭里面孩子想改变父母的生活习惯，比如父母很节约，孩子觉得没必要太节省了。当然我知道这种干涉里有孩子对父母的爱，但是我想表达的是，当你想改变父母时就意味着以下三点：

1. 你在做父母的父母，并且不可能成功，因为序位颠倒；

2. 你不接受父母本来的样子，傲慢且没有尊重；

3. 你心中对父母有很多的不满甚至怨恨。

亲子关系之平衡

与孩子和谐相处的核心就是“平衡”，亲子关系的平衡是指**付出与收取的平衡**，比如我拿起一个酸奶问我儿子，你想喝吗？他会露出天使一般的笑容说，想喝。我说那亲爸爸一下，我儿子嘟起小嘴在我脸上亲了一下，把我内心滋养了一下。我付出了酸奶，我儿子付出了一个吻，这就是付出与收取的平衡。而父母期望孩子考100分，而孩子只考了80分，父母感觉不平衡，因此就愤怒了。

1. 没有绝对的平衡，只有相对平衡

人与人之间做不到绝对平衡，只有相对平衡。无论孩子怎么感恩父母，但永远给不了父母生命，父母为孩子付出很多生活上的照顾，不代表孩子就一定能考100分回报你，所以我会经常问家长，你们觉得父母爱孩子多一点？还是孩子爱父母多一点？没有绝对的平衡，只能相对，比如当父母为孩子付出时，不要想孩子要用100分来回报，孩子成长带给你的快乐才

是孩子的回报，就像前面给孩子酸奶的例子，无法衡量一个吻和一杯酸奶哪个付出更多。

2. 亲子关系的平衡

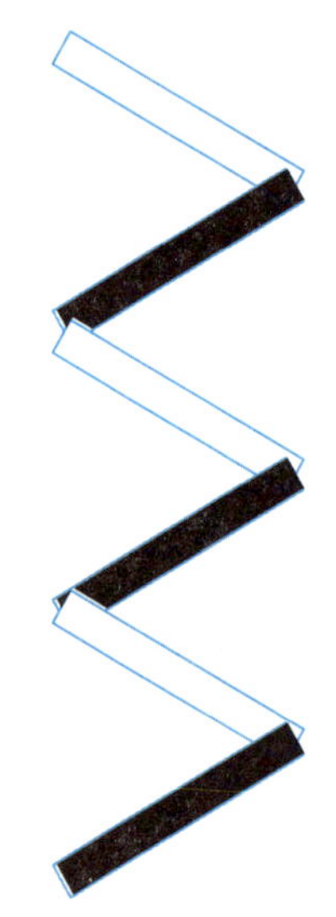

图3-3 亲子关系的平衡

根据图3-3所示，如果白色代表父母付出并收取回报，黑色代表孩子付出并收取回报，当父母付出了并收取回报，孩子也付出并收取回报，这样的关系就是一种相对和谐的状态，如果孩子出现偏差行为，如抑郁、自卑、自残、自杀、胆小、自私、封闭等，其实都和亲子关系失衡有很大的关系。

比如，妈妈和孩子一起去购物，孩子发现妈妈手上提的东西比较多，孩子主动说，妈妈我来帮你拿吧，妈妈说不用了；回到家，孩子发现妈妈在厨房里忙碌，立马过来说，妈妈我来帮你，妈妈说，不用，你去学习吧；吃饭时，孩子夹了一块鱼肚子给妈妈吃，妈妈说，我不爱吃，你多吃点。这就出现**平衡失调的问题**，孩子一直想付出，妈妈却一直拒绝接受。

再比如，孩子用一个小时拼好积木，高高兴兴地来到父母面前说，爸爸妈妈来看看我的积木，父母低头刷着短视频，瞟了一眼轻蔑地说，这有什么用，又不是考了100分。请问孩子是什么感受？时间久了之后，孩子想表达爱，无处表达，在父母眼中只有成绩，而我的成绩又没有达到父母的期待，我认为我是一个没有价值的人，自我价值体现不出来，孩子会去寻找体现自我价值的地方，孩子发现网络游戏每打一个怪，就升一级，游戏会不断奖励、鼓励他，他的付出，游戏都会回馈，付出和收取平衡了，所以孩子沉迷游戏了。假设孩子拼好积木，父母看到说，哇，真棒哦，如果是我，我肯定拼不出来，你是怎么做到的？你猜孩子又是什么感受？孩子付出，父母鼓励，付出与收取就平衡了。

当孩子想要付出爱，父母拒绝接收，只认为成绩才能代表孩子的爱，这是真正的问题，我们不是补习老师，我们不是孩子的班主任，我们是孩子的父母，父母就离不开与孩子共同的生活，情感的连接，而很多父母已经进入了“走火入魔”的状态，认为成绩代表一切，我不是说成绩不重要，成绩很重要，同时孩子的价值感更重要，**父母要接受来自孩子的爱，并回馈给孩子爱。**

当孩子想要付出爱，我接受；我又付出爱，孩子又接受，我们的关系就产生了交集，关系就和谐了。比如我去外地讲课回来时，我的孩子在楼下接我，他一个箭步跑上来说，爸爸，我来帮你拿行李箱。如果我说，不用，你做好作业就可以了。你猜孩子是什么感受？而我说，好啊，有你的帮助太棒了。我儿子双手推着我的行李箱上电梯，进家门时，已经满头大汗了，我在他的额头上点了10个赞，并且说，爸爸有你的帮助感觉真好，谢谢你。虽然我的孩子满头大汗，可是我看到了他的付出，而孩子得到了我的肯定赞美，孩子脸上露出了幸福的笑容。

亲子中断

当孩子0-7岁期间，父母可能因为外出打工，或者其他原因，孩子与父母有一段时间的分离，特别是与妈妈的分离，让孩子在爷爷奶奶或其他亲属家生活，在孩子成长的重要时间点，在孩子心理最脆弱的时候，父母不在身边，这就造成了亲子中断的创伤，对孩子的未来造成非常大的影响，比如说不能感受爱，不能有效地表达爱和自己的需求，身体冻结，情感封闭等。而这将成为他们内在对爱最深的渴望。在未来的生活中他可能会表现出很多心理问题，**一切源于爱，一切始于爱**。

比如，当我的小儿子2岁的时候，晚上或者因为做梦的原因大哭了起来，第一时间就是喊妈妈，所以妈妈和孩子的身体连接非常重要，孩子通过和妈妈身体的连接感受妈妈身体的温暖，能够让孩子感受到被保护与被爱，而这份连接的缺失都会埋藏在我们最深的内在的部分。

你想象一个场景，孩子在房间里玩耍时，突然传来急促的敲门声，你会发现孩子立刻安静下来，身体一下就停住了，我们心理学把这种表现称之为“冻结”。等父母把门打开发现原来是朋友，孩子才会放松下来，回到之前的状态。

而亲子中断就会发生情感冻结的状态，往往简单的语言沟通效果是甚微的，而是需要用到大量疗愈“重生”的技巧，这个技巧在我线下课程可以经常看到，就是让案主再次回到亲子中断的时候，打开身体，重新和妈妈连接，去连接内心深处最深的渴望，向妈妈表达，妈妈我需要你，妈妈我爱你。而大部分的案主被疗愈完之后，会感觉到内心被滋养与疗愈。（详见图3-4）

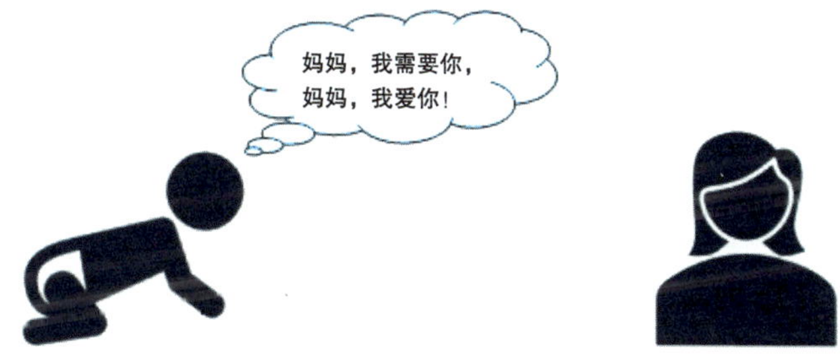

图3-4 孩子需要妈妈的爱

父母带给我们的创伤

我经常问学员一个问题，你们觉得你们的父母完美吗？答案基本是摇头的！你们觉得你们在做父母的时候，你们是完美的父母吗？大部分的回答也是摇头的。所以父母会带给我们两份礼物，即祝福和伤痛。而这两份礼物，是我们一生都需要去面对的。

1. 祝福

祝福往往很容易被忽略，什么是祝福？也许在你出生的那一刻，你的祝福已经给你了，但你还不知道发生了什么，比如我第一个儿子还没出生，我们就开始准备孩子的吃、穿、用等物品，一直在期待孩子的到来，也在思考如何给孩子起一个带给孩子好运的名字。

我记得在我读完小学6年级时，有一天回家后，我爸爸妈妈就说，儿子，送给你一个礼物。我问，是什么？父母说，就是你非常期待的自行车。当我看到爸爸妈妈给我买的自行车，我非常高兴，我每天再也不用走那么久的路了，因为我家离学校走路需要40分钟以上。这就是我父母给我的祝福。

后来我才知道，为了给我买这辆自行车，他们还借了钱。类似这样的祝福太多太多了，而随着我们年龄的增长是非常容易忘记的，我同时也想问你，你还记得你的父母给过你哪些祝福吗？回忆起来是一种什么样的感受呢？

2. 伤痛

无论我们的父母付出多大的努力，带给孩子伤痛也是无法避免的，只是多与少、重与轻而已。我讲一个我的故事。

我六七岁时，有一天放学回家，远远看见妈妈在菜园里，我就大声喊妈妈，可她没听见，于是，我就更大声地喊，但妈妈始终也没回应我。我愤怒极了，你为什么不理我？我愤怒地回到家，发现家里坪上晒了很多萝卜皮，我立刻想到了一个报复妈妈的方法，我用手捧起旁边的沙子甩到萝卜皮上，并且用脚在上面来回地踩，发泄着我的不满。

当妈妈回家看到我的杰作，她二话不说就去找了一根竹条对着我的小腿就是一顿抽打，打完之后，妈妈让我跪搓衣板认错，我跪在搓衣板上也没觉得自己错了，我哪里错啦？如果在我喊你的时候，你回应我一下，我就不会去弄你的萝卜皮啦。我心里暗暗发誓，等我长大了，我一定报复你。现在回忆起我青春期时和父母的争吵，其实都和这件事有关联，我们把它称之为**童年未了事件**。

这件事对我来说就是伤痛，其实就是心理的创伤。后来我结婚了，我记得有一次我在洗澡，忘拿浴巾，我就喊老婆帮我去拿一下。老婆没有回应我，我愤怒极了，心里想，以后你让我拿什么，我都不给你拿，我一定不让你好过。

你们有没有发现，我的“创伤”被激活了，我童年的“创伤”被启动了，我甚至会把对我母亲的愤怒全部都发泄在我的爱人身上，因为这个愤怒已经埋藏了30年，就像火山一样要喷发出来。幸亏我学了心理学，疗愈了我的童年，不然我不敢想象我的余生会受这个创伤影响有多深。

我谈了我的人生故事，那我接下来我想问你，你的童年创伤是什么？彼得·莱文博士研究创伤多年，发现**焦虑、失眠、抑郁、封闭、身心失调、恐慌、无故大发脾气、反复出现破坏性的行为等都是你的“创伤”被激活的表现。**

如果因为孩子没有认真做作业，或者一件调皮的事，或者摔坏了一个杯子，或者没有按时睡觉，父母情绪失控，大喊大叫，甚至有一种窒息的感觉，这都是你的“创伤”被激活了，孩子的每个年龄都会激发我们不同年龄的创伤，那如何解决呢？

1. 找专业的心理教练去疗愈。就像我会通过催眠让案主连接内在受伤的部分，然后把爱和疗愈带给那个脆弱的部分。

2. 自我疗愈。学习专业的课程，接受专业的训练，持续成长自己，连接，看见，疗愈，创造。

最后做一个总结，我们每个人都会携带父母的祝福与伤痛，即便我现在是一名心理疗愈师，也不代表我不会把伤痛带给孩子，只是可能会相对少一些而已。祝福和伤痛是两份珍贵的生命礼物，让我们可以去探索自己的内在，去发现没有发现的部分，让我们拥有英雄之旅的人生。

冥想疗愈

我带领大家做一个和孩子心理分离的冥想疗愈，前面谈到亲子之爱是走向分离的爱，那接下来的这段冥想疗愈是非常重要的，如果你和孩子有比较严重的“恋子情结”，或者出现很严重的爱的纠缠，可以多练习几次。首先我们找到一个舒适安静的环境，确保自己不被打扰。

让自己安静下来……然后先站起来……再慢慢地闭上眼睛……关注自己的呼吸……慢慢地吸气……慢慢地吐气……我们可以慢一点……我们不着急……

然后把注意力放在你的肩膀上……想象自己的肩膀放松……双手自然垂下……就像两根自然下坠的灯管一样……放松……放松……然后再放松你的身体……放松你的大腿……放松你的小腿……感觉双脚踏在地板的感觉……用一个呼吸带给自己……让自己安静下来……让自己放松下来……

然后回忆一下最近有没有和孩子产生冲突……或者孩子做了你不能接受的事情……你情绪失控了……当时发生了什么……在什么样的环

境下……你内在的感受是什么……然后你的内在有一个什么样的声音出现……留意自己的感受……然后我现在引导孩子对你说几句话……注意你的感受……

妈妈……你是我的妈妈……我是你的孩子……感谢你带给我生命……我很爱你……但是我不属于你……我属于我自己……我要离开你了……总有一天我会长大……我会开启自己的人生……请原谅我……我没有办法去实现你的期待与遗憾……我只是你的孩子……对不起……妈妈……我依然爱你……我会以一个孩子的身份来爱你……请你接受我……谢谢你……妈妈……

当你听完孩子的表达……留意你内在的感受……然后再慢慢地睁开眼睛……回到当下。

真实疗愈个案

把控制孩子变成平等对话

案主： 女士，38岁，希望改善和女儿的关系。

赵中华：你想做什么主题？

案主：我想改善和女儿的关系。

赵中华：你有几个孩子？

案主：我有两个孩子，女儿13岁，儿子7岁。

赵中华：小时候你是不是很乖？

案主：对。

赵中华：你们夫妻的关系怎么样?

案主：经常争吵。

赵中华：孩子和父母的关系怎么样?

案主：女儿和我们夫妻俩关系都不好，儿子和我们俩的关系都好，女儿和儿子的关系也不好。

赵中华：感觉你们夫妻和儿子三个人是一伙，女儿被孤立了。你和女儿的关系恶劣到什么程度?

案主：不管我说什么，她都反抗，而且她不自信，很自卑。

赵中华：你女儿一直和你生活在一起吗?

案主：她小时候和爷爷奶奶在一起生活了两年。

赵中华：当时她几岁?

案主：4岁到6岁，6岁之后我就接她到身边，因为要上小学了。

赵中华：你觉得是什么原因让你们关系很紧张。

案主：因为我和她爸爸都很关注她的学习，有一次她不愿意做作业，我和她爸爸就吓唬她，半夜开车把她扔到马路上，然后走了。

赵中华：当时她多大?

案主：小学三年级，大约10岁吧。

赵中华：你小时候被父母吓过吗?

案主：没有。

赵中华：因为你小时候很乖，所以你对女儿要求就很严，希望她和你一样乖。

案主：我小时候爸爸妈妈不管我，因为他们不管我，我就想更乖。

赵中华：你希望用你的乖来唤醒父母对你的爱。你女儿怎么看待弟弟？

案主：她很讨厌弟弟，弟弟无论做什么她都会骂他，比如弟弟吃饭慢，她就会骂他蠢，弟弟哭，她就骂他懦弱。

赵中华：她恨弟弟，因为她觉得，弟弟把父母全部的爱都夺走了。每次他们发生矛盾时，你们夫妻俩是什么表现？

案主：我就和她说弟弟小，她要让着弟弟。

赵中华：你会发现越这样做，他们的关系越恶劣。

案主：是的，我越这样说，她就越针对弟弟。

赵中华：聊聊你的成长经历，有几个兄弟姐妹？

案主：我有一个哥哥。

赵中华：你父母关系怎么样？

案主：我爸爸妈妈经常吵架。

赵中华：你和哥哥关系怎么样？

案主：我会经常照顾哥哥，我觉得哥哥不如我聪明，比如妈妈让我们做事或者准备打我们时，我会逃跑，他经常挨打。

赵中华：你和妈妈关系怎么样？

案主：关系一般。

赵中华：和爸爸关系呢？

案主：和爸爸关系亲近。

赵中华：简单形容一下你爸。

案主：我爸爸聪明、善良、大度。

赵中华：妈妈呢？

案主：妈妈爱唠叨，爱指责，还经常打骂我们。

赵中华：你怎么看待你妈妈这样的行为？

案主：我觉得有点同情她，因为她骂我爸爸，我爸爸也不理她，越骂就越不理，我爸爸就不想回家。

赵中华：你成长经历中有什么难忘的事？

案主：我记得我10岁时，哥哥在深圳给我买了一块表，当时是比较贵的表，结果我就戴了一个晚上，第二天去游泳的时候就丢了，我妈妈就用棍子打了我一顿，打得很重，我就感觉在我妈心里，手表比我还重要，我当时就很希望爸爸在家，如果爸爸在家，我就不会挨打。

赵中华：你现在想起这件事是什么感受？

案主：想起来心里很难受，也很愤怒。

赵中华：你和女儿的关系不好，你觉得还有其他原因吗？

案主：我们每次批评她的时候，本来是想一个唱黑脸，一个唱白脸，但是最后我们全是黑脸，她做作业我们批评她，她收拾东西我们也批评她，抢弟弟玩具也批评她。

赵中华：你打过她吗？

案主：打过很多次，比如有一次老师跟我反映，她三年级就跟别的同学一起出了校门去玩，我用衣架打了她的腿，她不做作业我也打她。

赵中华：你妈当年用棍子打你，你用衣架打女儿，有可能是女儿不听话时，触发了你的回忆，让你情绪失控了。

赵中华：你打女儿时，她是什么反应呢？

案主：她说妈妈你别打了，我下次不会跟别人出去玩了。

赵中华：你这么乖大概持续了多少年？

案主：应该是从15岁之后我才乖的，我15岁以前不乖。

赵中华：为什么？

案主：因为出来读书了，没有在家里了。

赵中华：你一直都和父母生活在一起吗？

案主：对，一直生活在一起。

赵中华：爸爸是做什么的？

案主：爸爸是城管，今年70岁了。

赵中华：妈妈是做什么的？

案主：妈妈是家庭主妇，已经去世了，因为糖尿病。

赵中华：我们看一下排列吧。

• 排列呈现

（引入爸爸代表、妈妈代表、哥哥代表、案主代表）

赵中华：大家跟着感觉移动一下（见图3–5）。

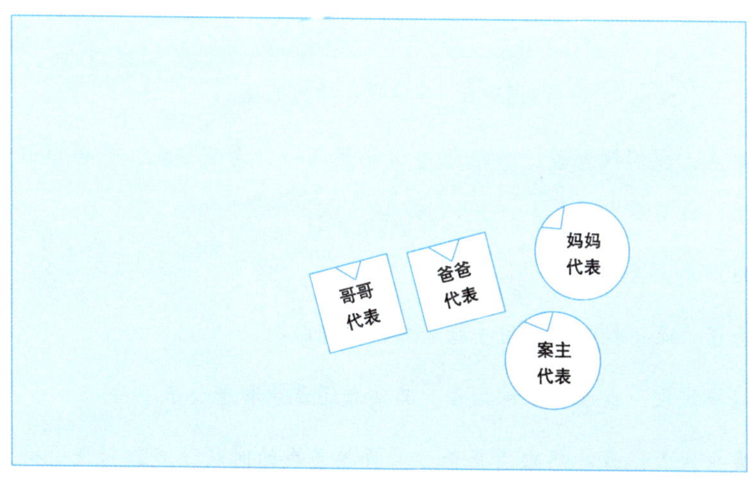

图3–5　各位代表排列呈现

赵中华：好像都靠爸爸比较近，虽然妈妈指责爸爸，但他们关系还是蛮好的。

案主：我妈妈生病期间，我爸爸都是不离不弃，爸爸比较大度，能容忍很多不好的事情。

赵中华：你摆一下你家平时的样子（见图3-6）。

• 排列呈现

（妈妈指责爸爸，爸爸不理妈妈，哥哥没主见，案主是拯救者）

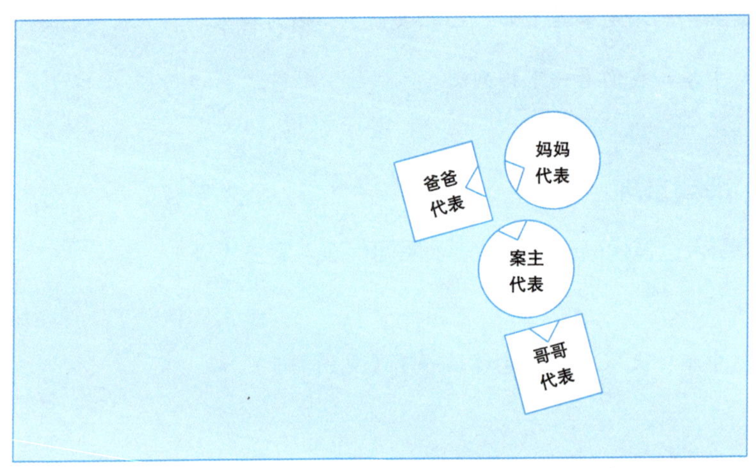

图3-6　各位代表排列呈现

案主：我同情爸爸，我很想告诉妈妈换一种沟通方式，爸爸妈妈吵架的时候，我想做中间人。

赵中华：爸爸代表什么感受?

爸爸代表：我觉得她用手指着我，不舒服。

妈妈代表：我也不愿意指责，其实我还是想和老公亲近些。

案主代表：我就想挨着爸爸，哥哥挨着我的时候，我就讨厌哥哥，我还是想跟着爸爸走。

赵中华：哥哥这个身份错位了，按道理在一个家庭里面，哥哥应该是排在前面的，可他却藏在最后面，妹妹成为老大了。

哥哥代表：妹妹把我推过来的，我也不想站在这里，我也很讨厌妹妹。

赵中华：（问案主）你有什么感受呢？

案主：我感觉好累。

赵中华：为什么会累呢？

案主：因为我总是想调解妈妈和爸爸的关系。

赵中华：在婚姻里面想改变老公的时候多不多？

案主：多。

赵中华：累不累？

案主：累。

赵中华：你有拯救者的心态，你真不容易啊，虽然长得这么清秀，可是你却有拯救者的心啊，不但要操控爸妈，还要操控哥哥，一家人都要听你的。

案主：现在不想了。

赵中华：你理想中的家庭是什么样子呢？

案主：理想中的家庭就是4个人坐在一起很开心地聊天，还可以开玩笑。

赵中华：你觉得要怎么样做才能达到这个目标呢？

案主：在我家做不到，因为我妈妈是没有办法沟通的人。

赵中华：妈妈现在也不在了是吗？

案主：我和妈妈关系不亲密，但是妈妈不在了，我又很愧疚。

赵中华：当年你妈妈因为手表的事情，是怎么打你的，我们情景再现一下，你回忆一下当时自己的感受。

案主：很难受，很愤怒，觉得自己还不如一块手表重要，想如果爸爸在，我就不会挨打。

赵中华：这么多年了，你一直记得这件事，说明这个创伤一直在，你现在想表达什么?

案主：妈妈，你为什么总是打我?难道我就不是你的女儿?你打我的时候不难受吗?这个表没了还可以买呀?但是女儿没了，你就啥都没了。

老师带着案主一起说

妈妈，难道我还没有一块手表重要吗?我还是你的女儿吗?我讨厌你用棍子打我，我讨厌你，你只关注手表，没有看到我。

赵中华：你拿着枕头，想象你所有的愤怒都汇集到枕头上，用力摔在椅子上，一直摔到你觉得舒服为止，把你这么多年的愤怒摔出去，做一个告别。

案主：（一边摔枕头，一边喊）我讨厌你，我讨厌你。（最后把枕头甩了出去）

赵中华：你现在感觉怎么样?

案主：好多了。

赵中华：现在你慢慢地呼气，闭上眼睛，慢慢地吸气，想象你来到大海边，大海给你温暖，想象海风吹在脸上，放松下来，睁开眼睛。

妈妈代表想说点什么?

妈妈代表：对不起，妈妈不该打你，我没想到会给你带来这么大的伤害。我错了。

赵中华：你听完之后什么感觉呢?

案主：好多了。

赵中华：现在看一下你现在的家庭排列。

• 排列呈现

（引入老公代表、女儿代表、儿子代表、案主代表）

赵中华：大家跟着感觉移动一下（见图3-7）。

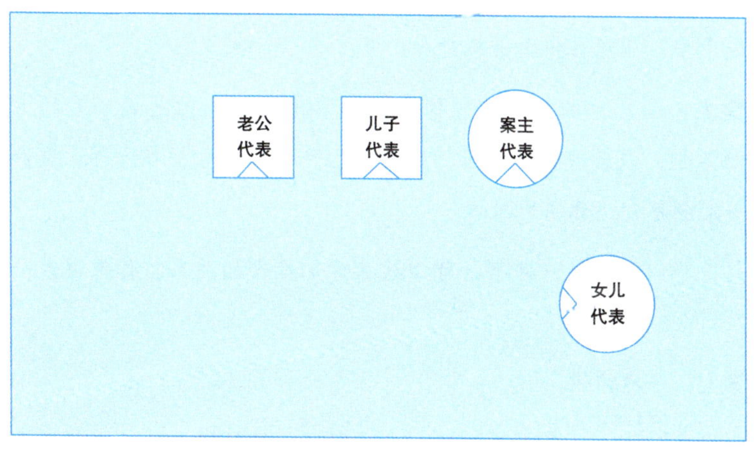

图3-7 各位代表排列呈现

赵中华：女儿代表什么感受？

女儿代表：我有一种被忽视的感觉，很孤单，也很难受。

赵中华：父母太多的关注都在儿子身上，女儿被忽视了。

案主：我觉得确实是关注儿子更多，没有去关注女儿。

儿子代表：我感觉挺舒服，父母都站在我身边。

老公代表：我确实喜欢儿子，但也会关注一下女儿。

赵中华：女儿有什么话对妈妈说？

女儿代表：妈妈，我希望你能多关注我一点，尊重我，你对我不好，我也不想对弟弟好，我也很爱你，我希望你不要总是指责爸爸，我看着很难受。

赵中华：又出来一个拯救者，女儿变成了当年的你。

老师带着案主一起说

你是我的女儿，我和你爸爸有我们自己的相处模式，即便我和你爸爸吵架，那也是我们的事，你救不了我们，与你无关。

赵中华：你还有什么话想对女儿说？

案主：女儿，妈妈对不起你，我其实很爱你，但是妈妈爱的方式错了，对不起，以后妈妈多学习，改变自己，多关注你，多爱你，我和你爸爸也一定会恩爱，你不用担心。

赵中华：如果做一件事，可以改善你们母女的关系，你觉得做一件什么事？

案主：多抱抱她。

赵中华：对，还有多关注她。我觉得可以给她送个礼物，戴在手上，你猜是什么？

案主：手表。

赵中华：你怎么这么聪明？

案主：我前段时间刚好送她了。

赵中华：她喜欢吗？

案主：喜欢，是她想要的。

赵中华：这么神奇？然后就是我再给你布置个作业，单独带女儿出去玩一次。

案主：我经常和她说带她出去玩，但她不想跟我出去。

赵中华：你要蹲下来和她说，我需要你的帮助。你放低姿态，她才会被打动。还有什么想说的吗？

案主：女儿，妈妈爱你，妈妈非常爱你。

赵中华：我教你们摆一下正确的序位，爸爸占第一位，妈妈占第二位，姐姐占第三位，弟弟占第四位，这是正确的家庭序位，这才是一个家，而不是把孩子放在前面，这样每个人心都很安。

案主：明白了。

赵中华：闭上眼睛，想象你的身体里面出现一个蹲在地上受伤的小女孩，她就在你的胸口这个位置，那就是10岁的你，在过去的30多年都很少有人关注她，也很少有人去疗愈她，她童年受了很多委屈，今天的你已经长大了，那个蹲在地上的你，终于在今天被发现了，现在要请你把手放在胸口，摸摸她，说，我看到你了，我感受到你了，我接纳你，我爱你。想象这个蹲在地上的自己被你疗愈，她开始慢慢地站起来，她开始慢慢地和你合二为一，她开始绽放出甜美的笑容，你再次回到海边，带着那个10岁的受伤的自己，说，我带你去看看大海，我带你去看看这个世界，你是需要被接纳的，需要被爱的，让我来陪你吧，我爱你。

想象海风向你吹过来，海浪就像母亲的爱一样洒在你的身上，充满你的全身，不管是10岁的你，还是38岁的你，都感受到来自大海的爱，把爱全部放在你的胸口，把它吸收回来，记住这种感受，它将伴随你的余生，你将用下半辈子好好去照顾她，好，睁开眼睛。什么感受？

案主：很舒服，真的很舒服。特别是你教给我如何走近女儿，我感觉收获很大。

赵中华：因为一个人很难把自己放下来，人都想站在最高位置，其实真正的高手永远是顺势而为。还有什么收获？

案主：以前我觉得不是问题的问题，其实都是我的眼光问题，以前我一直觉得我要想去说服女儿，想去管她，想让她按照我的想法去做，今天我明白了，我要慢慢放开，我不再关注她的学习，也许她的学习反而好了，我不再去控制她，也许她就一点点向我靠近了。就像你说的，关注哪里，哪里就成长，关注她的缺点，她的缺点就放大，关注她的优点，她的优点就在放大，以前我想要去改变女儿的观念，改变我老公的观念，突然间我发现所有的问题都是我的问题，我要先改变自己。

赵中华：记住今天的感受，你要把那个10岁蹲在地上的自己带走，别把她藏在里面，记住三个和自我的关系，第一和自己身体的关系；第二和自己内在受伤小孩的关系；第三和自我情绪的关系，处理好这三个关系，你才能做到完整的自己。

案主：谢谢你。

赵中华：每天对自己说，我看见你了，我感受到你了，我接纳你，我爱你，坚持63天。

赵中华洞见

我在线下授课时说过，往往孩子和伴侣会激活我们的创伤，我们最希望能够疗愈自己的是自己最亲的人，但往往事与愿违。所以案主想改善她和女儿的关系，那么首先需要改变她自己，疗愈她自己的创伤。

案主妈妈当年用棍子打她，而她现在用衣架打女儿，这都是一种复制，但往往我们自己很难察觉到这种复制，其实她内在受伤的自己一直在召唤她，请你疗愈我，请你疗愈我。当我们真正去看见，去疗愈，才能有好的结果，也就是所谓的英雄之旅。

当我们与孩子的关系不亲密，或者孩子长时间不出门、不沟通，这些现象都和我们的平衡有关，父母往往站在高处去批评孩子，让孩子感觉自己一直被父母主宰自己的生活，感觉自己一直被父母控制，这种情况下，想改善关系就要打破原来的关系，恢复平衡，父母把自己高高在上的身份放下来，只有这样才能改善原来不平等的关系，没有人喜欢和一个永远高高在上的人在一起。

“太满”的母爱让孩子感觉窒息

案主：女士，46岁，希望改善亲子关系。

赵中华：你想做什么主题？

案主：改善亲子关系。因为我脾气特别暴躁，儿子小时候，经常被我打骂，导致他从小就缺乏安全感。我觉得特别对不起儿子。我老公一直在外地工作，虽然经常视频聊天，但儿子还是缺少父亲的陪伴，因此很胆小自卑。

赵中华：谈谈你的原生家庭。

案主：我家有四个孩子，我是老二，我是我家里比较优秀的，只有我考学出来了，我爸爸比较强势，脾气有些暴躁，经常打骂我们，因为我成绩好些，挨打相对少些，但我爸非常明事理，村里有什么事都找我爸处理。我父母从我记事起就一直吵架，主要是因为爸爸脾气不好，去年爸爸因为脑出血去世了。

赵中华：你和你老公的关系是不是和你父母关系差不多，也是经常争吵?

案主：因为我脾气不好，我们经常争吵，老公提出过离婚，我意识到自己有问题，就开始改变自己，然后我们的关系就越来越好了。

赵中华：老公如果不提离婚你就不改变?

案主：是的，因为当时我没有意识到自己有问题。

赵中华：你父母吵架时，你帮谁多一点?

案主：帮我妈妈多一点，妈妈软弱、善良、顾家，爸爸比较强势，我会更同情妈妈。

赵中华：小时候发生过什么让你印象深刻的事?

案主：我小时候是比较乖的孩子，而且我的成绩也比较好，我爸爸对我比较好。在我小学四年级的时候，我亲眼看到我爸追着打我姐和我妹。

赵中华：你最后考到哪里了?

案主：我15岁的时候就考上卫校了，在当年就相当于是考上大学了，我爸爸还为我办了一个升学宴，他觉得我为家里争光了，因为我是我们村里面第一个考出去的。

赵中华：我听你这么一说，你父母对你的爱挺多的。

案主：是的，对我们四个孩子来说，我爸对我最好，我爸爸一直强调，我们四个谁成绩好，谁就考出去读书，没考出去的就在家里干农活。

赵中华：你很看重成绩，所以你对自己孩子也是这样要求的。

案主：是的，最开始我对他的期望是很多的，因为我觉得我能做到的事情，你也要做到。

赵中华：所以学习成绩对你来说是很重要的，因为你就是因为成绩好而获得成功和父爱的，所以你就希望你的孩子成绩也好，也爱读书。

案主：是的，可能我确实像赵老师说的，我的期望高了，当孩子没有达到我的期望的时候，我就会对他态度不好甚至打骂，所以我现在真的很后悔，我原来一直认为我是为他好，但结果却很糟糕。

赵中华：因为你是因成绩好而收获很多，比如父母的爱和好的工作，所以你也把这种信念复制在孩子身上。

案主：是的，我现在知道我错了。

赵中华：（对案主儿子说）当你听到妈妈讲她的故事，你有什么感受？

案主儿子：我妈妈生活在那个年代和那个生活环境，所以就有了这样的教育观念。

赵中华：你的感受呢？愤怒？委屈？难受？心疼？

案主儿子：看到她这个样子，我觉得很心疼。

赵中华：每一个孩子看到妈妈在这里哭，肯定会心疼。你小时候看到爸爸妈妈吵架，你会同情谁多一点？

案主儿子：我会更同情我爸爸，因为妈妈比较强势。

赵中华：你和儿子有过亲子中断吗？

案主：有过几个月吧，他在他爷爷家里住过几个月。

赵中华：小时候都一直跟你们住在一起吗？

案主：他爸爸在他五六岁的时候到外地工作了，一直到他十三四岁的时候才回来。

赵中华：在这段时间里就你们两个人一起生活，（面对案主儿子问）是这样吗？

案主儿子：不是的。

赵中华：那是什么样子？请你说一下。

案主儿子：在我的记忆中，我妈妈把我送到老师家去寄养过一段时间，然后再把我送到我爷爷家，有很长一段时间。

赵中华：那是在你几岁时？

案主儿子：大概是在我小学四五年级吧。

赵中华：你看亲子中断对人的影响有多大！你都不记得了，他还记得，这就说明这个事对孩子的影响很大，童年的亲子中断对孩子的影响是很大的。

案主：他说的这个事情，我真的差不多忘了，就是在他四五年级的时候，把他送到老师家去寄养了一段时间。

赵中华：（问案主儿子）当你被送到老师家，爸爸也不在家，你是什么感受？

案主儿子：我爸爸刚到外地工作的时候，我非常想念我爸爸，后来就转变成恨我爸了，同时我觉得我妈妈对我的这种教育方式，让我感觉很压抑。

赵中华：你为什么恨你爸？

案主儿子：我恨我爸为什么不陪在我身边？他为什么要离开我？他为什么要到那么远的地方工作那么长时间？

赵中华：你觉得很孤单。那你觉得你妈妈带给你的压抑表现在哪方面？

案主儿子：在身体和心理上都有。

赵中华：在身体上还有？

案主儿子：我妈妈会把我关在家里，不让我跟同学玩，我必须回家就学习。

赵中华：你今年多大？

案主儿子：我今年18岁了。

赵中华：我很冒昧地问你一句，你的抑郁症是什么时候开始的？方便说吗？

案主儿子：在初一的时候，药物治疗了很长时间。

赵中华：抑郁症之前发生了什么事？

案主儿子：抑郁症之前，我父母要离婚，还有校园暴力。

赵中华：那你今天的目标到底是什么？

案主：我希望自己放下一些东西，让自己不再那么焦虑。

案主儿子：我想问一下，你想要的东西，是你想要的，还是你认为是我想要的？你给我做的菜或者炖的肉，你都会说这个有营养多吃一些，为什么总是让我吃这些？我身体很好，我又不运动，为什么要吃那么多肉？

赵中华：你的意思是说你妈妈过去给了你所谓的爱，都是她自己的想法，而没有尊重你的想法，是这个意思吗？

案主儿子：不是这个意思，我想说的是她心里想要做一些事情，想表达的一些想法，她在我身上投射出来的，其实是她自己真正想要的。

赵中华：她想让你去满足她的期待，去满足她的需求，是这个意思吗？

案主儿子：也不是，我的意思是，我更希望她能让自己心里想要的需求得到满足，她能够自己选择自己喜欢做的事情，去吃自己想吃的东西，去做自己想做的事情，不要总是关注到我身上来，不要把希望放在我身上，她应该多关注自己一些。

赵中华：听懂了吗？你儿子希望你多爱自己，我也能感觉得到你脸上写了一个字——累。

案主：我确实觉得自己很累，我也希望自己能放松下来。

赵中华：请你站起来，闭上眼睛，如果想象未来的自己是一个开心的自己，快乐的自己，不这么累的自己，请你用一个身体的姿势表达出来未来那个开心快乐的样子。

好，就是这个姿势，这个姿势就代表开心的你，已经放松的你。

好，我们把手放下来，再去重复做这个动作，很好，再继续做，很好。如果你感觉需要有个人支持你，你希望是谁？谁能帮助你？

案主：观音菩萨。

赵中华：想象观音菩萨出现在你正前方，然后不停地做这个动作。

老师带着案主一起说

观音菩萨，46年了，我都感觉自己好累，我不能放松，我现在想要放松，我想要获得力量。

赵中华：想象观音菩萨用那个瓶子，把雨露洒向你的头顶，慢慢吸气，把这种放松的感觉吸进你的身体。对，很好，继续保持这个姿势。对，记住这种感觉，雨露洒向你的全身，通过头发丝进入到你的身体，进入到你身体每一个僵硬的地方，做得很好，继续保持这个姿势。

最后再来一次，保持这个姿势不要动。好，记住这个姿势，以后一旦你出现紧张和焦虑的时候，就摆出这个姿势，闭上眼睛，你瞬间就能让自己处于一种放松的状态，记住了这个姿势，以及你身体的每一种感受，这个姿势就是观音菩萨给你的力量，让你能够放松。

无论你遇到任何挑战，不管是孩子的问题、老公的问题、事业的问题、财富的问题、人生的问题，只要你拥有这个动作，你就能获取无穷的力量。如果用一个动作代表爱自己，你希望用什么样的动作？好，抱住自己跟我说。

老师带着案主一起说

我看到你了，我感觉到你了，我爱你，谢谢你！

赵中华：带着这种感觉，慢慢睁开眼睛回到现在。你坐下来。请问现在有什么感受？

案主：放松一点了。

赵中华：我们看看你的原生家庭。

•排列呈现

（引入爸爸代表、妈妈代表、姐姐代表、妹妹代表、弟弟代表、案主代表）

赵中华：大家跟着感觉移动一下（见图3-8）。

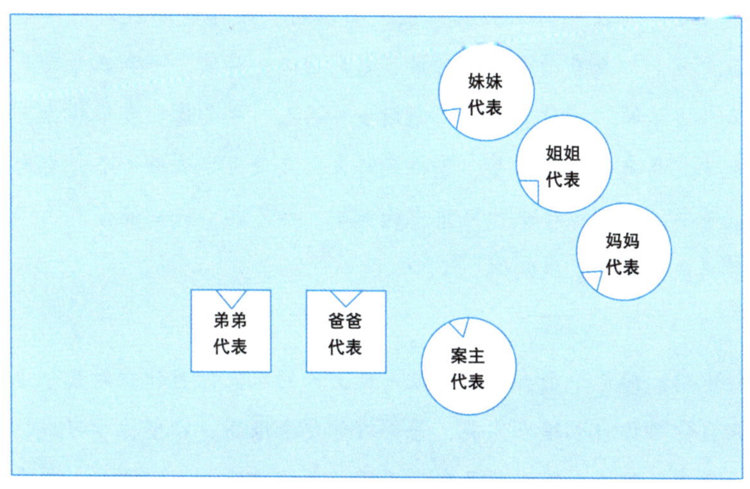

图3-8 各位代表排列呈现

赵中华：你现在什么感受？

案主：我觉得这种排列和我原生家庭差不多。

赵中华：妈妈代表有什么感受？

妈妈代表：我不喜欢她爸爸，不想和她爸爸站在一起。

赵中华：你很想靠近你爸爸，你爸爸去世的时候你在干吗？

案主：我爸爸去世时，我们全家都在医院。我心里一直很痛苦，因为我爸爸为我付出很多，他为我操心，不论是工作还是生活，他都为我操心，我老公曾经要和我离婚，是我爸爸出面进行调解的。

赵中华：我们要做一个和你爸爸的告别仪式，因为你对你爸爸感情很深。你对你老公要求很高吗？

案主：刚结婚时，我确实对他要求高。

赵中华：当你对爸爸有情感需求，就会对你老公提出要求。我们来做一个告别吧。

老师带着案主一起说

爸爸，很感谢你，是你让我走出农村，是你鼓励我好好读书，我做到了。你在我最迷茫的时候，遇到困难的时候，一直在帮助我，替我想办法解决问题。爸爸，谢谢您！爸爸，我爱你！我很想你，同时我也觉得我特别不容易，觉得我好累，我没有办法做一个完美的女人。爸爸，我没办法做你理想中的女儿。对不起，我只能做自己，请你原谅我，爸爸，我爱你！

赵中华：你是一个典型的想做完美女人的人，你为什么对儿子追求完美？来自你对你自己追求完美，爸爸对你要求很高，希望你学习成绩好，你如愿考上了卫校。所以你是在高压下长大的孩子。说完这些，你有什么不一样的感受？

案主：说了我想对爸爸说的话。

赵中华：当你说你没办法做完美女儿的时候，你感觉怎么样？

案主：我确实不完美，我对我儿子的要求太高了。

赵中华：你知道你为什么对儿子要求高吗？因为你不接受自己。你不允许自己犯错，也不允许自己不好，所以你就会去要求儿子。

案主：是的，我对不起我的儿子。

赵中华：和妈妈说几句话。

老师带着案主一起说

妈妈，谢谢你做我的妈妈，同时，我也没办法成为一个完美的女儿，我不完美，希望你能接受不完美的女儿，可以吗？谢谢妈妈！

赵中华：和妈妈拥抱一下，妈妈也是挺爱你的。再说说你自己。

案主：我之前是很累、很辛苦，为什么我这么坚强，是因为我必须坚强，因为我就是一个人带孩子，没有任何人帮忙。我觉得我自己很累，但是我看着孩子一天天长大，我也是很开心的。

赵中华：你曾经犯过错，曾经对儿子动过手，你是不完美的，其实你内心有无数个声音都在骂自己，埋怨自己怎么是这样子，为什么对孩子这么凶、这么狠？你为什么对孩子期望这么高？因为你把自己所有的期望都转给了他。

内疚是不能解决问题的，要把内疚变成力量，你真正要接受的是自己的不完美，你接受了自己的不完美，你就会接受孩子。

所以你的儿子都告诉你，妈妈你要爱自己。所以你要和不完美的自己和解。

老师带着案主一起说

我不够完美，我也犯过很多错，我也请你接纳我，可以吗？

赵中华：闭上眼睛，你想象那个犯错的你在向你靠近，你们拥抱在一起。

案主儿子：我是她的儿子，我是她生命的延续，我就是她，她也就是我，因此她真正要拥抱的是我。和我拥抱就是真正和我和解，就是和她自己和解。

赵中华：你要记住，你只是她的儿子，你想去救你妈，我告诉你很难的，人只能自己救自己。她就是你，你就是她，这是你的想法，但你们是两个人，当然，你确实是她的儿子，但是现在她要接纳的是她自己。我知道你很爱妈妈，但她现在需要接纳的是她过去做的事情，否则她会一直骂自己。现在我要告诉你，你永远没办法去做妈妈，妈妈也没办法去做你。你是你，她是她，你也没办法代替妈妈受苦，妈妈也没办法代替你去受苦，明白吗？

（对案主说）闭上眼睛，继续啊，把手打开，然后慢慢地向那个犯错的自己靠近。想象这个犯了错的自己，不完美的自己有儿子的祝福，有老公的祝福，有爸爸的祝福，跟我一起说。

老师带着案主一起说

我犯了很多错，我也不完美，请你接纳我，请你接受我。谢谢你。我爱你。

赵中华：你确实受了很多委屈，所以多接纳自己的不足，多爱自己。现在你应该找到答案了，你的目标是如何让自己不那么焦虑，而不那么焦虑的唯一的办法就是接受那个不完美的自己，你不接受就会焦虑，包括你的失眠也是一样的，失眠的核心是有一个不想睡觉的自己。

你要知道你不是个神，你只是个人，明白了吗？每个人都会犯错误，你要去接受、去面对。下面做你和你孩子之间的关系。

（对案主儿子说）你希望我帮你做些什么？

案主儿子：我想请您帮我做一个疗愈。

赵中华：疗愈什么？

案主儿子：我觉得我也有问题。

赵中华：我问你一个问题，假设你不救你的妈妈，不救你的爸爸，也不救世界上任何一个人了，请问谁来救你？

案主儿子：我救我自己。

赵中华：答对了，你说你在学校被人霸凌，被别人欺负，我又何尝不是呢？谁都有痛苦，我们长大了，我们只能自己疗愈自己。

案主儿子：我不知道跟别人如何建立关系，我不知道如何跟别人相处。

赵中华：你最需要的是接纳那个不会相处的自己，如果你不接纳不会相处的自己，问题就出现了。抑郁症、焦虑症、强迫症这些问题是怎么产生的？因为你内心有两个我，一个是现在的我，一个是理想中的我，比如说我想让自己的抑郁症变好，但为什么达不成自己的目标呢？这个障碍就是这两个我一直在打架。我想要让我的抑郁症变好，但是我就是很焦虑，我想让我更爱自己，但是我经常骂自己，你想让自己变得更轻松，我想要跟更多人建立关系，但是你觉得大家都不喜欢你。

所以真正的问题来自内在的和解，明白了吗？为什么我要请一个代表来代表你，然后让你们两个人拥抱，就是因为很多的问题都来自你内在的两个自己在打架，然后自己就出现了矛盾、纠缠、抑郁、焦虑、酗酒、自杀，这些都是内在的两个自己打架的后果。我想要让自己快乐，但是我笑不出来；我想让自己赚钱，但是我不敢跟别人做销售，如果不做疗愈，他们会斗争一辈子。

我们去选一个代表，代表不会交朋友、抑郁的你，今天和他和解一下（见图3-9）。

• 排列呈现

（引入抑郁的儿子代表）

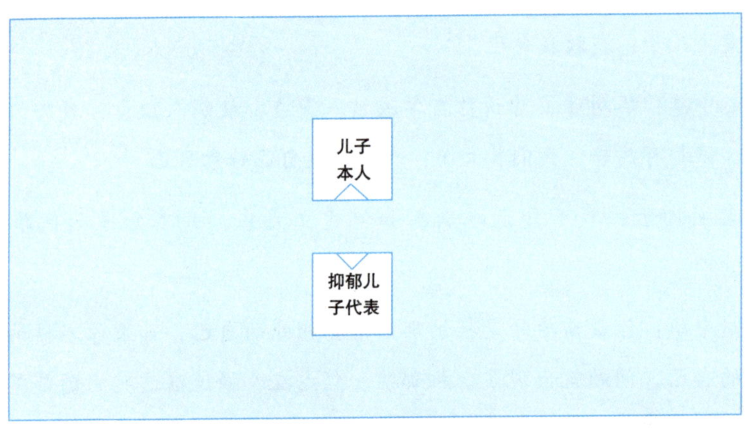

图3-9　各位代表排列呈现

赵中华：我们一起说几句话。

老师带着案主儿子一起说

我曾经不懂与人交往，不懂得与人相处，我不自信，现在我想和你和解。我想原谅你了，虽然你有时候不会沟通，不会交朋友，甚至你受到学校的霸凌，但是今天我准备和你和解，就算你有抑郁症，我也爱你。就算你被霸凌我也爱你，因为我知道我长大了，我可以用18岁的自己来滋养你，来爱你，让我们回家吧。

你闭上眼睛，把手打开，真正感受到真的有一个人，在这一刻真正地去接纳他，不再埋怨他不够好，总是自我去否定，你要去接受那个不完美的自己。

慢慢往前走，感受到那个受到很多伤的自己正在不断靠近、再靠近，最后和解。你们拥抱一下。

老师带着不完美的案主儿子代表一起说

谢谢你，谢谢你接纳我，谢谢你对我的和解，谢谢你，我终于回家了，我不再流浪了，我不再孤独了。

老师带着案主儿子一起说

我终于感受到你了，谢谢，我爱你。你受了很多的伤痛，很不容易，我接你回家，对不起，让你受伤，让你受委屈了，从今天开始，让我来好好爱你，让我来好好疗愈你。

赵中华：（对案主说）平常你做什么事会让自己放松？你放松的方式是什么？

案主：我喜欢运动，做健身操。

赵中华：给你布置一个作业，跳完健身操之后，做那个放松的动作。把手打开，然后再放在自己的胸口，感受你的手就像摸到一只小狗或者一只宠物一样，摸着那个不太完美的自己，感受她出现在你的胸口，轻轻地摸着她，然后用一个呼吸慢慢地待在这个地方，对自己说，我看见你了，我感觉到你了，我接纳你，我爱你，就算你不完美，我也爱你，因为我长大了。每天做三分钟。你能做到吗？

案主：可以。

赵中华：我看你已经有笑容了。

案主：是的，我现在感觉轻松多了。

赵中华：（对案主儿子说）如果用一个身体姿势代表你有力量，你希望用一个什么样的身体姿势代表你是有力量的？保持这个姿势，记住这个姿势，以后当你的人生遇到任何挑战，这个姿势都能帮助你提升力量，闭上眼睛，想象有一股力量，从你的头顶穿过你的身体，穿过你的肩膀，然后进入你的身体，让你可以面对任何挑战。

你的作业就是把手放在胸口，第一句话就是我看见你了，第二句话是我感受到你了，第三句话是我接纳你，第四句话就是我爱你。每天都要对自己说，说完摆出有力量的姿势，这个姿势不是让你去攻击，而是你面对困难的态度，让你能够穿越黑暗。

案主儿子：我记住了，谢谢老师。

赵中华洞见

这是一个非常典型的亲子个案，妈妈的爱非常“满”，但孩子却抑郁了。在我接触的个案中，每当我听到妈妈说孩子是我的一切时，我就知道这个妈妈没有自我，这样的妈妈教育出来的孩子会出现两个极端，要么很叛逆，不管爸爸妈妈让我做什么，我都对立，孩子要让自己的压抑被父母看见，同时我也想做自己；要么非常软弱，没有主见，沉迷游戏，严重的就是抑郁，甚至自残。

所以家长没有意识到，是自己的缺乏自我，才会去操控孩子，没有真正地看见，才是问题的根源，心理疗愈师就是帮助案主看见，让案主从纠缠的爱转向流动的爱。

童年的委曲会转移到自己孩子身上

案主：女士，32岁，改善与女儿的关系。

赵中华：你想做什么主题？

案主：我总是打骂我女儿，心里觉得很亏欠她。

赵中华：先讲讲你的原生家庭，你有几个兄弟姐妹？

案主：我是被收养的，在我现在的家里有一个哥哥。

赵中华：你和养父母关系怎么样？

案主：我和养母关系还可以，和养父关系不好。

赵中华：你和亲生父母有联系吗？知道亲生父母家的情况吗？

案主：有联系，我亲生的爸爸叫舅舅，那边家里有一个哥哥一个姐姐。

赵中华：你是几岁被送到养母家的？

案主：我6个月的时候，当年我亲生母亲因为触电，意外去世了。

赵中华：你形容一下你的养母。

案主：我养母很善良，非常勤劳，善于与人沟通，人际关系挺好的，因为她常年在外做生意，我和她接触很少，关系比较疏离。

赵中华：你再形容一下你养父。

案主：我养父好吃懒做，脾气暴躁。从我小时候开始，我家就一直是我养母赚钱养家，我养父成天在家喝酒，还总是和我养母打架，还有时会家暴，但他没打过我。

赵中华：在你的成长过程中有什么记忆深刻的事情吗？

案主：我小时候很想回亲生父母家去玩，养父不让我去，偶尔回去了也不开心，因为邻居们就会对我说，我亲生妈妈死得早，所以我很可怜，我听到这样的话就会哭，我感到心里很委屈、很难过。

赵中华：因为你年龄小，你会感到很无助。你想到你的亲生妈妈有什么感受？

案主：我会感到遗憾和难过，我连亲生母亲长什么样都不知道，我没有她的照片，我问我姑姑要过我妈妈的身份证，但她说烧掉了。我姑姑对我说，我妈妈怀孕的时候就说，如果生女儿的话，她就把女儿送出去，如果是儿子就自己养。

赵中华：所以你对自己女孩这个身份是不能接受的，你觉得你是因为自己是女孩才被送出去的，所以你不能接受自己是女孩，你姑姑和你说这件事已经过去二十几年了，你还记得这么清楚，说明这件事对你影响很大，最后你把这种情绪转移到你女儿身上，你也不能接受她是女孩。你亲生爸爸还在吗？

案主：还在。

赵中华：你有几个孩子？

案主：两个，女儿8岁，儿子3岁。

赵中华：你和老公关系怎么样？

案主：以前关系不好，现在关系好一些了。

赵中华：你和女儿的关系怎么样？

案主：关系不好，女儿和爸爸关系好。

赵中华：你和儿子的关系呢？

案主：我和儿子关系很好，儿子和他爸爸关系一般。

赵中华：你今天就是想改善和女儿的关系，是吧？

案主：对，我希望以后在女儿犯错时，我不再发脾气，我也希望在生活中能开心一点。

赵中华：我们要先处理一下你和亲生父母的关系，我们先看看排列。

• 排列呈现

（引入爸爸代表、妈妈代表、哥哥代表、姐姐代表、案主代表）

赵中华：大家跟着感觉移动一下（见图3-10）。

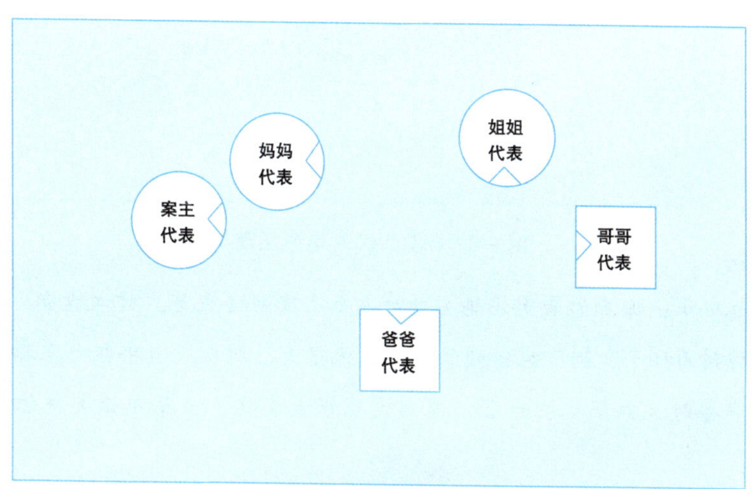

图3-10 各位代表排列呈现

赵中华：有什么感受？

姐姐代表：我就想站在这里，不想动。

哥哥代表：我也是这个感觉，不想动，有一种无力感。

爸爸代表：我就想看着他们。

案主代表：我就想挨着妈妈，让妈妈保护我。

赵中华：你想挨着妈妈，但妈妈已经意外去世了。（让妈妈代表躺下）现在大家再根据感觉排列一下（见图3-11）。

• 排列呈现

（妈妈代表躺下）

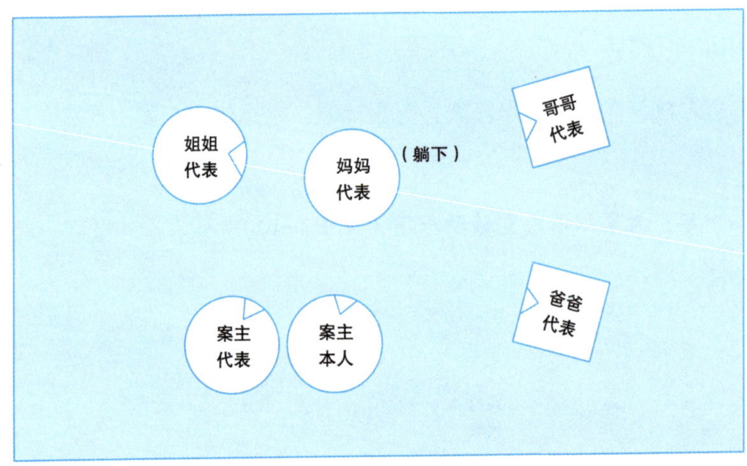

图3-11 各位代表排列呈现

赵中华：你看你亲生妈妈去世对这个家庭影响很大，刚才站着的时候大家排列的样子和躺下后排列的样子变化很大。所以，当年在大家都没有思想准备时，你妈妈去世了，家庭发生很大变化，当年是谁要把你送给别人？

案主：是爸爸要把我送走的，我养父母告诉我说是爸爸要把我送到他们家的。

赵中华：对一个6个月大的孩子，这是一个很大的事，现在你尝试回到小时候，感觉自己很需要妈妈，自己连一张妈妈的照片都没有，你慢慢接近妈妈，你有什么话对妈妈说吗？你和我一起说。

老师带着案主一起说

妈妈，在我最需要你的时候，你不在了，我很想你，很需要你，你连一张照片都没有留给我，谢谢你给予我生命，现在我长大了，终于可以来看你了。

赵中华：（对妈妈代表说）你听到女儿这样说，你有什么感觉？

妈妈代表：妈妈爱你，在妈妈的心里，一直觉得对不起你，我希望你勇敢地活下去，过好你自己的生活，我相信你一定能过好你自己的生活，你一定能做到的。

赵中华：现在闭上眼睛，然后想想你小时候受人欺负的时候，或者是被别人冤枉的时候，你需要妈妈的时候，你会说什么？跟我一起说。

老师带着案主一起说

妈妈，你在哪里？我需要你，我想你了，妈妈，我爱你，我需要你。

赵中华：和妈妈拥抱一下，这个拥抱已经等了30多年，这是亲子中断，是一种感情缺失！好好感受一下妈妈的拥抱，感觉自己变成那个6个月大的小婴儿，现在你不再孤单，也不再寂寞了，你终于回到妈妈的怀抱了，你不再不开心了，今天终于找到妈妈了。

妈妈代表：妈妈一直都在，你身体的每一个部分都代表着我，我每天都在天上看着你，妈妈爱你，宝贝。

赵中华：闭上眼睛，你往后退，每退一步就代表你长大10岁，一直退到32岁。现在面对妈妈说。

老师带着案主一起说

妈妈，谢谢你。我今天长大了，不再是那个6个月大的孩子，我已经成人了，我没让你失望，我现在拥有了两个孩子，我会带着你的爱和祝福好好生活，并把爱和祝福传承下去，请允许我用这样的方式表达对你的爱，我会快乐地生活下去，谢谢你，妈妈。

赵中华：给妈妈鞠躬，现在我们告别妈妈，我们要开启一段新的人生。

妈妈代表：女儿，你很勇敢，也很坚强，你能够过好你自己的生活，我相信你有这个能力，相信你会把自己的人生过得很好，加油，努力向前走。妈妈永远爱你，在我的心里你是我最宝贝的女儿。

赵中华：我相信你也想对妈妈表达你的感恩，你可以以妈妈的名义种一棵银杏树。爸爸代表有什么话要说?

老师带着爸爸代表一起说

女儿，对不起，爸爸做了一个错误的决定，我也很无奈，给你造成这么大的伤害。对不起，但是爸爸也是爱你的。

赵中华：估计爸爸也有他的难处，可能因为还要带两个孩子，每个人都有自己的苦衷，把你送走这个决定是不对的，但爸爸一定是爱你的。

老师带着案主一起说

爸爸，我理解你。以及你当时的处境，你是没有办法才把我送出去的。

案主：爸爸，我是女孩，你还爱我吗?

爸爸代表：女儿，我一直爱你。

案主：爸爸，我是个女孩，我不是你的儿子，我只是你的女儿，你还爱我吗?

爸爸代表：我还是爱你。

案主：谢谢你，爸爸。

赵中华：和爸爸拥抱一下。你长时间的不快乐，可能和你不认同自己是女孩有关。现在排列一下你自己的家。

•排列呈现

（引入老公代表、儿子代表、女儿代表、案主代表）

赵中华：大家跟着感觉移动一下（见图3-12）。

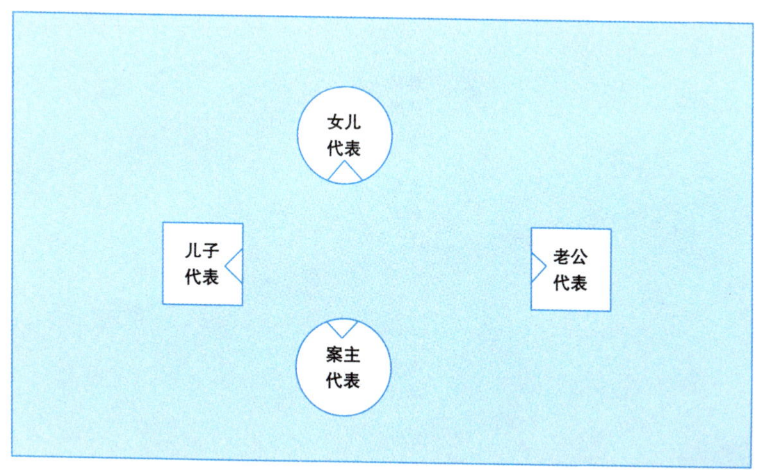

图3-12　各位代表排列呈现

赵中华：从排列上看，你的女儿对你确实比较疏远，她一直躲着你。（对女儿代表说）你看到妈妈什么感觉?

女儿代表：她一直在追我，我不想跟她靠近，我有点怕她。

案主代表：我好像有怒气要向她发。

赵中华：你的怒气来自你对自己是女孩的身份不认同，现在你把这种怨气转移到女儿身上了。

老公代表：我觉得这个家需要我来管着。

赵中华：在家里你和老公谁更强势？

案主：都强势，所以我们两个经常有冲突。

赵中华：你小时候，谁经常对你发脾气？

案主：养父。

赵中华：那我们请一个养父代表（见图3–13）。

• 排列呈现

（引入养父代表）

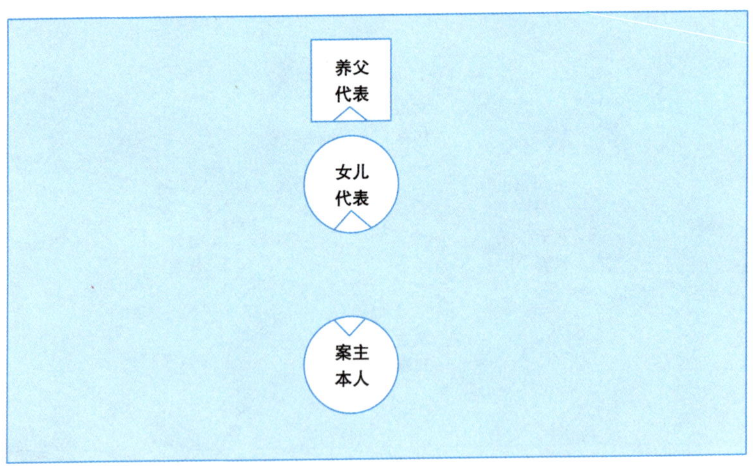

图3–13　各位代表排列呈现

赵中华：你把你小时候受到的委屈都转移到你女儿身上了。

老师带着女儿代表一起说

你是我的妈妈，我是你的女儿，我不是你的养父，妈妈，我救不了你，所以妈妈对不起，我做不到。

赵中华：当女儿觉察到你的负面情绪，她在承受的同时也会想拯救你，因为她爱你，但她作为女儿是不可能拯救你的，真正能拯救你的还是你自己，你心中的创伤要靠你自己去疗愈。

现在你放松，闭上眼睛，回到你小时候，回忆你和你养父之间发生的不愉快的事情，你感觉一下这些不愉快的情绪在你身体的哪个部位，你把手慢慢放在这个部位，你一边抚摸这个部位一边说，受伤的我，我看见你了，我看见了受伤的你，我也感觉到你的痛苦，你承受了很多，谢谢你用这样的方式提醒我，谢谢你。

如果用一个姿势代表爱自己，爱这个受伤的自己，你想用一个什么样的姿势？然后你慢慢地用这个姿势，感觉有一束光从你的头顶进入你的大脑，穿过你的身体，进入到这个受伤的地方，就像莲花一样的，在里面慢慢开始开花。你对受伤的自己说，我爱你，今天我长大了，我已经32岁了，你受了很多的伤害，你受了很多的委屈，你经受了很多的挑战，今天我想让一个人来爱你，那个人就是我，让我来安慰你，让我把爱带给你。

感受一下，然后吸一口气，把这个呼吸带到你这个受伤的位置，感觉疗愈开始发生，感觉里面的内脏有些不同，感觉像抱着一个婴儿一样抱着她，在你的身体里面，让她不再孤单，让她不再寂寞，让她有一个归宿，你的负面情绪就在这里，如果你能看见她，你就能疗愈她。如果你不能看见她，她一直都会在这里。

如果用一个身体姿势代表你未来很快乐，你会用什么姿势？做出来，露出你的笑容，记住这种感觉，记住这个姿势，这个姿势就代表了快乐幸福都会属于你，然后再抱住自己说，我爱你，谢谢你。好，我们睁开眼睛。

案主：我找到了妈妈的爱，就好像找到了根，感觉心里很满足，好像也找到了快乐。

赵中华：记住这个快乐的姿势，永远记住这个姿势。

案主：我刚才听到养父代表的那些话，我心里舒服多了，也能理解他了。

赵中华：给你布置一个作业，坚持42天，每天听音乐，尤其是当你感觉情绪来了，就放这个音乐，并且做让自己快乐的那个姿势。42天之后你会发现你跟以前不一样了，你会遇见一个全新的自己。

赵中华洞见

案主从小就离开了亲生父母，到了养父养母家，在她的内心一直想去连接自己的亲生父母，这份情感缺失对她本人来说影响是非常大的。父母把孩子送给别人也许有很多不得已的原因，但给孩子造成的创伤却是一辈子无法愈合的。站在系统的角度来看，亲生父母给了我们三个生命礼物，一是给了我们生命；二是给了我们性别；三是给了我们家族的位置。所以去连接自己的亲生父母就是连接了自己生命的源头，以及连接家族历代祖先的力量与爱。

学会表达父爱

案主：男士，45岁，希望改善与儿子的关系。

赵中华：你想做什么主题？

案主：我想走进我儿子的心里，改善我们父子之间的关系。

赵中华：改善到什么程度？

案主：能够正常沟通、交流，他能向我表达他的想法和感受。

赵中华：目前你们俩是一个什么状态呢？

案主：目前我们一年多基本不说话、不交流，我发的信息基本不回，我回家时他就把他房间的门锁了。

赵中华：你儿子多大了？

案主：17岁。

赵中华：你们之间发生了什么事？为什么会发展到现在的程度？

案主：2020年8月，他不想读书，我就把他送到一所戒除网瘾的学校。

赵中华：他对这个事怎么看待？他恨你们吗？

案主：他恨我。

赵中华：你小时候打过他吗？

案主：小时候没打过，为了玩手机的事，打过他两次。

赵中华：你有几个兄弟姐妹？

案主：我有一个哥哥。

赵中华：你说说你父母是怎样的人？

案主：我爸爸赌钱，说话尖刻，不给别人留情面，对别人说话都是否定别人，对我们哥俩也很严厉，我们哥俩小时候经常挨打，一般是吊起来打。我妈妈很乐观，也很能干，很老实，是家里的顶梁柱。

赵中华：你父母关系怎么样？

案主：离婚了，但没离家，还在一起生活，我现在觉得也许这就是他们最好的生活状态，是他们自己选择的一种生活状态。

赵中华：你说一些童年记忆深刻的事。

案主：我大概10岁时，我家里在开店，我哥哥从店里拿了100元钱，我们一起把钱藏在墙缝里了，后来我哥哥让我去把钱从墙缝里拿回来，在拿钱时被我爸爸发现了，我爸就打我，把我打晕在猪槽里，我当时觉得自己很冤枉，因为不是我从店里拿的钱，是哥哥拿的，我却被打了一顿。

赵中华：你想到这件事是什么感受？

案主：我感觉自己很冤枉，也感觉愤怒和无助。

赵中华：我们排列一下看看。

• 排列呈现

（引入爸爸代表、妈妈代表、哥哥代表、案主代表）

赵中华：大家跟着感觉移动一下（见图3-14）。

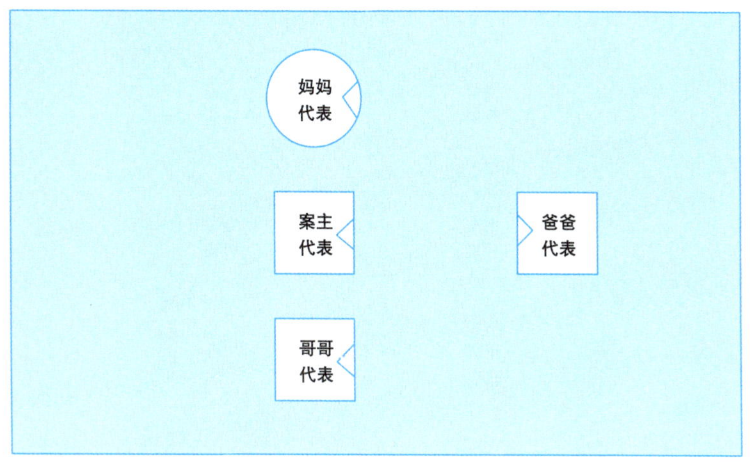

图3-14　各位代表排列呈现

赵中华：从排列上看，你很怕你的爸爸，你看到他你就开始向后退。其他人什么感觉？

哥哥代表：我喜欢和弟弟在一起，我也怕爸爸。

妈妈代表：我想保护两个儿子，但感觉心有余而力不足。

爸爸代表：我感觉很孤单，他们三个人站在一起。

赵中华：（问案主）当你听到你爸爸说他孤单的时候是什么感觉？

案主：我觉得他也确实孤单。

赵中华：你的爷爷奶奶是做什么的？

案主：爷爷是做买卖的，奶奶是家庭主妇。

赵中华：我们排列一下看看。

• 排列呈现

（引入爷爷代表、奶奶代表）

赵中华：大家跟着感觉移动一下（见图3-15）。

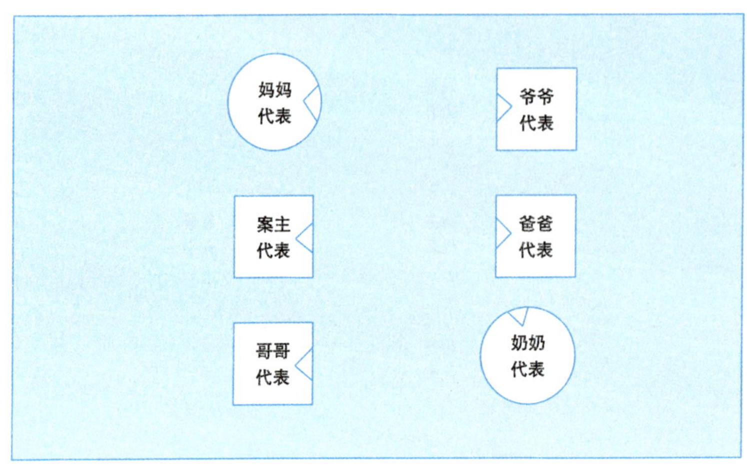

图3-15 各位代表排列呈现

赵中华：奶奶什么感受？

奶奶代表：我感觉心里有点慌。

赵中华：你了解过你爸爸是怎么成长的吗？

案主：稍微了解一点。

赵中华：我建议你有机会时去了解一下，我当年就是特意跑到我姑姑家，聊了两个小时，就聊我爸是怎么长大的，我爸很小的时候，他姐姐才12岁，我奶奶就去世了，我爸能活着就是很不容易的事，我一下理解了我爸爸。你有什么要对爸爸说的吗？

案主：我就想家里能够融洽一些。

赵中华：（对爸爸代表说）你有什么话想对儿子说吗？

爸爸代表：他总躲着我，我感觉我说了可能也起不到什么作用。

赵中华：哥哥和妈妈有什么想对爸爸说吗？

哥哥代表：希望爸爸不要太凶了。

妈妈代表：我想说以后对儿子多点关心，多点宽容。

赵中华：（对爸爸代表）跟着我说几句话。

老师带着爸爸代表一起说

儿子，爸爸很孤单，也很寂寞。

赵中华：你拿钱挨打这件事是你童年一个未了结的事件，它一直停留在你心里，它会对你现在的家庭有影响，我们今天就做一下了结。

你把你当年的情景再现一下，你是怎么去拿钱，你哥哥在什么位置，你爸爸在什么位置，你看一下哥哥和爸爸，有什么感觉？

案主：我觉得我当时是冤枉的，我很愤怒。

赵中华：你和我一起说。

老师带着案主一起说

爸爸，我很愤怒，我也很怕你，同时我也很爱你，但是这件事对我造成了很大伤害，你对我不信任，明明是哥哥做的，你认为是我做的，我是被动的，我是没办法的，你是冤枉我的。

赵中华：你的声音不大，说明你很畏惧你爸爸，不敢表达自己的愤怒，如果你的愤怒不表达出来，你的孩子和家人就是受害者，他们将是你愤怒的出口，所以你一定要把你的愤怒表达出来。现在你闭上眼，你每往前走一步，就小10岁，你往前走，回到你10岁的时候，你想象你的愤怒从你身体的四面八方集中在你手中的枕头里，然后你把枕头狠狠地摔在椅子上，一边摔一边说，我讨厌你，你为什么冤枉我？

赵中华：（对爸爸代表说）当你看到这件事情对你的孩子造成这么大的伤害，你有什么想说的？

爸爸代表：爸爸对不起你，爸爸冤枉你，爸爸把脾气发到你身上是不对的，爸爸小时候也是有创伤的。爸爸对不起你，爸爸伤害了你，爸爸从心里还是爱你的，希望你能原谅爸爸。

老师带着爸爸代表一起说

儿子，这件事是爸爸冤枉你的，对不起，我错了，但并不代表我不爱你，爸爸还是很爱你的。

赵中华：你特别渴望你爸爸跟你说句什么话？

案主：孩子，你是不错的。

爸爸代表：儿子，你是很不错的。儿子，你是很不错的。

赵中华：哥哥有什么要说的？

哥哥代表：弟弟，我觉得很内疚，你没有告诉爸爸是我去拿的钱，我很感激，这么多年来，你背负了很多，我对你是有亏欠的，谢谢你，弟弟，这件事让你承受了很多，我应该站出来，因为我是哥哥，对不起！

赵中华：我们来排列一下你现在的家庭。

• 排列呈现

（引入案主代表、老婆代表、儿子代表）

赵中华：大家跟着感觉移动一下（见图3-16）。

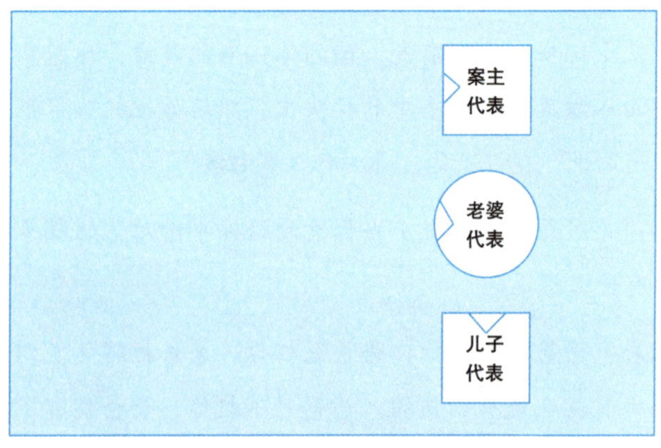

图3-16　各位代表排列呈现

赵中华：你儿子从小和妈妈的关系怎么样？你们夫妻之间关系怎么样？

案主：都还好。

赵中华：从排列上看，你们俩是爱而不亲的那种，我感觉你们俩的关系是有待提升的。你孩子和妈妈在一起还是很高兴的，妈妈动一下，孩子也要动一下。

案主代表：我很想通过我老婆接近我儿子。

老婆代表：我一直想接近老公。

儿子代表：我很想靠近妈妈，我觉得妈妈特别温暖。

赵中华：你和儿子关系的重点是态度，有人说，赵老师，我的态度很好呀，可是为什么没用呢？看效果才能知道态度是否好，比如你把他送到网瘾学校，这是对孩子的伤害，即便你态度好，结果也不会好。

• 排列呈现

（引入网瘾学校代表、打他的代表、你和孩子关系代表、你以后的态度代表、沟通代表）

赵中华：大家跟着感觉移动一下（见图3–17）。

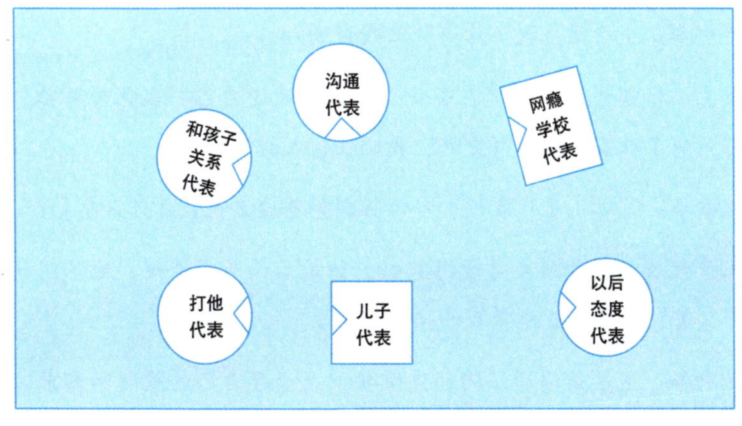

图3–17 各位代表排列呈现

赵中华：从排列上看，你儿子认为你的态度还不够。态度代表跟着他走，可是他都躲开了，另外打人这件事情对他影响很大，他直接往打人代表那边走。

儿子代表：我就是不喜欢这么多人跟着我，我想一个人待着。

赵中华：从排列上看，你只有态度和道歉都不够，他这么多年一直都在你和他妈妈的掌控下生活，他不能做自己，他感觉很压抑，一旦他做回自己，他就会好起来。

儿子代表：我感觉我只有做回自己，我内心才会有安全感。我现在有一种恐惧感，感到很无助。我不想和爸爸沟通，我感觉和他不知道说什么。

赵中华：你渴望爸爸的爱吗?

儿子代表：渴望。

赵中华：你跟着我说。

老师带着儿子代表一起说

爸爸，我很渴望你的爱，可是我又不知道如何去接受你的爱，我没办法走近你，我觉得我看到你很害怕。

赵中华：（对案主说）你有什么想说的?

案主：我想说，我一直在奋斗，一直在改变自己，我也很孤独，我也很痛苦，为了让家人生活得更好，我比任何人都努力。

赵中华：（对儿子代表说）当你听到爸爸这么说，你什么感觉?

儿子代表：刚开始我是没感觉的，但是后面听爸爸说，他不想让我们过得那么苦，然后我就感觉我的手不凉了。

赵中华：这就是沟通，沟通最重要就是分享自己的脆弱和需求，很多人都不愿意把自己的脆弱和需求表达出去，好的沟通就是分享自己的脆弱和需求，你表达出来，你儿子的手就松了，这就是沟通。

老师带着儿子代表一起说

爸爸，我看到了你的不容易，同时你爱我的方式，对我也造成了伤害。

老师带着案主一起说

儿子，爸爸很爱你，但爸爸爱你的方式不对，是我伤害了你，对不起，我错了，我不乞求你的原谅，我只是想表达出来，孩子，谢谢你。

赵中华：你和孩子之间肯定还有一段路要走，但这是一个很好的开始，刚才我也留意到你说那些话，你想告诉儿子你很不容易，还有一些话你是说给你爸爸的，你不能要求孩子能完全理解你，你想让别人认可你，但他是孩子，他不能满足你的这个需求。就比如我爸爸三岁就没有了妈妈，他想要妈妈，我给不了他。

老师带着儿子代表一起说

我只是你的孩子，我不是你的爸爸。爸爸，我爱你，我一直接受你，只是你没有看见，我不能活成你想要的样子，我做不到，我只能做自己，爸爸我只是你的儿子，我不是你的复制品。

赵中华：你要明白，孩子不是你的附属品，他只是孩子。

儿子代表：我希望看到你们幸福，我希望你们过真实的生活。

赵中华：你别活在梦幻里面，要过真实的生活。和孩子多表达爱，和孩子拥抱一下。

案主：我心里感觉好多了，也明白了很多道理，谢谢老师。

赵中华洞见

案主想解决亲子关系，他和孩子的关系已经很僵了，一年都没有太多交流，说明案主与孩子之间有很多的不良情绪，特别是案主送孩子去戒除网瘾学校，对孩子造成了很大伤害。

虽然父母爱孩子，孩子也爱父母，但他们之间都缺乏对爱的表达，而案主为什么缺乏表达爱的能力呢？原因来自他的父亲从小对待他的态度，他的父亲冤枉他并把他打晕这件事对他影响非常大，以至于影响到案主现在的家庭生活，所以案主的问题表面上是亲子关系的问题，其实背后是案主和原生家庭纠缠的问题，只有看到了问题的源头才能找到问题的根本，从而提升爱的能力。

第四章
CHAPTER 4

伴侣关系：
彼此成就的爱

婚姻的意义

我经常想问大家一个问题：你为什么要结婚？我的学员会给我各种各样的答案，比如因为我年龄大了，周围的人都结婚了，所以我也要结婚；有一个人疯狂追求我，他对我不错，所以我就和他结婚了；需要传宗接代，所以结婚了；父母天天催我结婚，逼着我去相亲，为了父母就结婚了。

我为什么经常问这个问题？因为**我认为起点决定终点，结婚的发心决定婚姻是否幸福**。我经常给大家讲三个盖房子的工人的故事。

在建筑工地有这样三个建筑工人。

第一个工人干着干着就不耐烦了，心想这个房子反正又不是我住的，费那么大的劲干吗？于是他加快速度，草草完工，房子看起来非常粗糙。

第二个工人干了一会儿也感觉枯燥了。但他觉得既然收了别人的工钱，就有责任把房子盖好，于是，他继续认真地干活，一丝不苟地完成了工作，房子看起来十分结实。

第三个工人干得十分投入，他觉得盖房子真是一件美妙的事情，如果在房前种一些花草，房后再弄一个花园，一家人其乐融融地住进来，一切真美好！于是他一边干活一边吹起了欢快的口哨，以更大的热情投入工作，并不断加入自己的创意，房子看起来精致又美观。

三年之后，第一个工人失业了，没人再敢聘请他；第二个工人仍然认认真真地干着老本行，一切没有变化；而第三个工人却成了全市出名的建筑大师，他设计的房子风格独特、美轮美奂，受到了人们的欢迎。

这三个盖房子的人就是对工作抱三种不同的发心，从而决定着自己的快乐与幸福。

同样，你结婚的发心很重要，如果一位女士说我结婚就是希望找一个男人爱我一辈子，照顾我一辈子，对我好一辈子，其实你找的不是老公，是找一个爸爸，所以你注定要失败；如果一位男士说我要找一个女人理解我、包容我、照顾我，其实你也不是找老婆，你是找一个人做你的妈妈，所以最终也是会失败。

也许结婚时大家没有想这么多，稀里糊涂走进了婚姻，结果在婚姻中产生了各种各样的矛盾，但只要双方愿意作出改变，比如改变自己的期待、改变自己的相处模式，同样会得到幸福。

人们走入婚姻的发心大致有以下几点：

1. 婚姻是幸福的港湾

不管在外面受到什么风吹雨打，总有一个地方可以让我停靠，这个地方不讲对错，它给我温暖和力量，有时我们需要面对诸多生活压力，房贷、车贷、孩子教育、工作的变动等，而家是最后的港湾，当你在生活中遇到了一些不如意的事，回家后之后没有说教，没有指责，而是陪伴，我相信等你走出这段痛苦之后，回忆起来都会是满满的感动与爱。

很多时候孩子在学校或者外面发生了一些不愉快的事情，或者受伤了，这个时候孩子需要的是一个能够给他带来温暖的家，而不是指责和说教，这一点非常重要，**每个人都有脆弱的时候，而家就是他最后的港湾。**

2. 创造更多的快乐

你结婚的初衷一定是希望能够拥有幸福的家庭和幸福的婚姻关系，所以我们结婚还有一个目标就是创造更多的快乐，举例：我今天吃到了一份特别美味的牛排，这是一份快乐。如果说你吃了这份美味的牛排不允许你和别人分享，你什么感受？有点可惜吧……如果你带上你的老婆一起来吃这份牛排，老婆也说非常美味，现在几份快乐了？两份了！然后你们俩回到家一起做牛排，一起享受这个过程，请问现在几份快乐了？三份了！然后分享给孩子，现在几份了？四份了！还可以很多很多份快乐……

所以快乐的婚姻是1+1>2，甚至更多，而痛苦的婚姻是什么？是我只有0.5，你是0.6，你问我要快乐，我问你要快乐，彼此索取，彼此痛苦，他们忘记了当时我们为什么要走进婚姻，其实这些痛苦的背后，和他本人的心智有非常大的关系（儿童心智）所以提升心智是婚姻非常重要的课题。

3. 成就彼此

幸福婚姻应该是让彼此可以变得更优秀。

从某种意义上说，家就像企业，伴侣就像搭档，如果搭档配合不错，企业发展蒸蒸日上；如果搭档不合适，企业发展寸步难行。我们应该时常问问自己，我结婚后进步了吗？成长了吗？这是衡量婚姻是否幸福的一把尺子。我在结婚之前做过服装生意、摆过路边摊，现在结婚10年了，我已经成长为一名心理学的导师、讲师、作家、疗愈师，而我的爱人也成为讲授萨提亚的导师。可以说我们俩都发生了翻天覆地的改变，婚姻是我们彼此成就的过程。

4. 生命的传承

婚姻可以让我们延续生命，爷爷把生命传给爸爸，爸爸把生命传给我，我把生命传给儿子，儿子把生命传给孙子，我们的生命就是这样一代一代传承下去，同时我们也是自己家族生命传承的一部分。

婚姻的意义有很多，不仅仅只是我爱你、你爱我那么简单，值得我们深入研究探索，保持一颗好奇的心非常重要。

婚姻的四个时期

1. 甜蜜期

刚结婚时，夫妻双方彼此吸引，我们会感觉对方如此有魅力，情不自禁地爱上了对方，我们把这个时期称为甜蜜期。我经常会问学员，你们和爱人是一见钟情吗？还是相亲的？有自由恋爱的吗？你们甜蜜期是多久啊？很多回答都非常有意思，很多人说甜蜜期7天，或者1个月，或者3个月，然后就没有甜蜜了。我会接着问，你们喜欢什么类型的异性呢？为什么有人喜欢胖一点的，有人喜欢瘦一点的？有人喜欢长头发的，有人喜欢短头发的？有人喜欢瓜子脸，有人喜欢圆圆脸，这是为什么呢？其实，这就和自己的父母有关了。

你第一眼见到的异性是谁？我见到的第一个异性是我的妈妈，所以我以后找对象会把女孩和我妈妈对比，而女孩见到的第一个异性是爸爸，所以以后找老公时会把老公和爸爸对比。所以我常说，**一见钟情是找“爸妈”，当我们原生家庭存在感情缺失，会把对父母的感情的渴望投射在配**

偶身上，让配偶去弥补自己感情的缺失与童年的不幸，最终的结果肯定是失败的。

婚姻初期的甜蜜是因为找到了理想的伴侣，感觉对方就像自己的父母一样，但很快发现，伴侣只能是伴侣，做不了自己的父母。

2. 冲突期

当甜蜜期过后，就进入了冲突期，我们会发现对方和我们理想中的伴侣是不一样的，为什么他不温柔了？为什么他不疼我了？为什么他不理解我了？等等。我们就想一定要改变对方，要把对方变成我要的样子，让他像我理想的父母一样爱我，包容我。但是大家改造成功了吗？没有。为什么？**因为如果你改造我成功，就代表你是对的，我是错的，代表你是我的领导，我是你的下属，我是不可能让你成功的。**其实这也是序位的问题，夫妻是平等的，不是领导与被领导的关系，所以不要奢望一方能够改变另一方，除非自己愿意改变，任何人想改造别人都是无效的。我认为人的改变有三个因素，第一，唤醒了内在沉睡的巨人；第二，感受到了爱；第三，体验到了改变的快乐。我讲一个故事。

有一个人走在冬天的大街上，这时走过来一个人说，你的外套好脏，把外套脱了吧。你觉得这个人会脱外套吗？你越让对方脱掉外套，对方会裹得更加严实。和对方讲道理，讲对错，或者强制地去脱他的外套，都只会适得其反。但是如果太阳出来了，温度升高了，对方感到身上太热了，他会自动脱掉外套。而**这个太阳的温度就是“爱”**。

所以爱才是婚姻的主旋律，只有爱才能让对方愿意改变，只有爱才能减少冲突。

3. 冷战期或成长期

当改造伴侣不成功时，很多人会采取冷战的策略，希望对方能够反省自己的错误。你见过的冷战有多长时间的？我讲一个故事。

有一次我去深圳学习，我打了一辆车，出于职业的原因就和司机聊起了家庭，我好奇地问师傅，你的家庭怎么样啊？师傅叹了一口气说，唉，这是我最难过的地方。我说，怎么啦？他说，我和我老婆关系很不好，冷战。我说，多久了？师傅说，你猜。我说，基本就是7～10天吧。他说，你大胆一点。我说，难道一个月吗？他说，你再大胆一点。我说，难道一年吗？他说，兄弟啊，我们冷战7年了。哇！真的颠覆了我的三观啊，我说，那孩子呢？他说，我有一个女儿前段时间还割脉自杀，现在都不知道怎么办了。我说，你们睡觉呢？他说，一人一间房。我说，那你为什么不离婚？他说，我不会让她好过，我就不离婚，我就这样耗下去，哪怕耗死也行。

7年的冷战，我听完内心感受到这位男士的渴望，其实他是很渴望得到爱的。我经常开玩笑说，全世界的家庭连续剧都在演绎3句话的故事。

第1句话，我那么爱你，喜欢你，你知道吗？

第2句话，我那么爱你，喜欢你，为什么你要伤害我？

第3句话，我那么爱你，喜欢你，为什么你要伤害我？我要报复你！

实际上，当婚姻出现矛盾时，就是代表你们两位都需要去成长和学习了，用冷战并不能解决问题，而应积极面对问题，解决问题，在问题中成长，这才是婚姻幸福的诀窍。

4. 分手期或幸福期

很多人分手时，他认为也许是自己运气不好，伴侣没有找对，我换一个，也许会更好，但是也许你换了可能会好，也许你换了可能会更糟，**不会游泳的人换游泳池是解决不了问题的**。

如果你吸取了上段婚姻的教训，有可能你换一个会好一点，但是如果你没有在上一段婚姻里学到东西，可能你的下一段会更痛苦，所以，在进入下段婚姻前，一定要问自己三个问题：

第一，自己从前段婚姻学到了什么？自己的责任是什么？自己提升的点在哪里？

第二，你还恨你的前任吗？你是恨他还是感恩？你能放下吗？

第三，你现在一个人能过得快乐吗？你有自己的人生目标吗？

回答完这三个问题，你就知道答案了。

只有不断学习和成长，才能走向婚姻幸福，**婚姻的幸福不仅仅只有我爱你就够了，还需要用心和智慧去经营**。

婚姻的五大挑战

1. 来自童年的创伤

每个人都携带着对父母深深的渴望，以及童年的创伤，都会把这份需求投射在伴侣身上，希望对方能够疗愈自己。

婚姻幸福最核心的一条就是，**我们必须为自己的创伤负责任**。比如你的老公容易发怒，脾气特别不稳定，这一定与他自己童年的创伤有关，如果你想改造他，帮他改变这个坏脾气，**就等于你背负了你老公的创伤**，是达不到你的期望的，这个暴脾气只能靠他自己去疗愈，自己去成长。

再比如老婆特别黏人，没有安全感，每天都要检查老公的行程，这代表老婆童年的创伤被激活了，老婆需要去疗愈自己的伤痛了，而不是等着老公来救自己，或者等着老公带给自己安全感，**只有你疗愈了自己，你才能真正开启一段新的两性关系，夫妻亲密关系永远大不过你与自己的关系**。

2. 生活习惯

婚姻的第二大挑战就是生活习惯。请回忆一下你们夫妻因为什么事经常吵架？很多的琐事其实就是生活习惯，而生活习惯里面最重要的就是两点——**卫生和饮食**。

关于卫生我非常有感触。我小时候洗脸、洗脚、洗澡都用一个盆，每次用之前就用水冲一下，可是当我和我爱人生活在一起的时候，我们为这件事经常发生冲突，她坚持要分开使用不同的盆。还有洗脸毛巾、袜子、拖鞋等等生活用品的使用都会有矛盾。因为她的原生家庭和我的原生家庭不一样，所以这方面冲突就特别大。

关于饮食的矛盾也会在生活中有冲突，比如老婆是福建人，老公是湖南人，大家都知道福建人喜欢吃海鲜，湖南人喜欢吃辣椒，如果天天做辣椒吃，虽然是满足了老公，但老婆会感觉怎么样？老婆天天做海鲜吃，那老公又会感觉怎么样？所以卫生和饮食没有处理好，夫妻的矛盾冲突就会很大，如果不懂得处理，矛盾就会升级。

那如何解决呢？我给一点建议，**彼此接纳，给对方空间。见图4-1。**

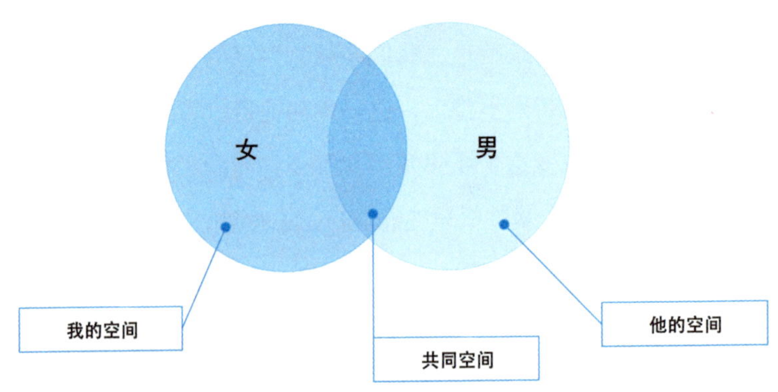

图4-1　夫妻之间要给彼此空间

婚姻之间一定要给彼此空间，虽然我们是夫妻，但不代表我就是你，你就是我，**一个人不可能属于另一个人。**

有了尊重才有爱，每个人都需要有自己的空间，有时候可以一个人看看书，或者学习听课不想被别人打扰，有时候一个去河边走走。**同时夫妻又有共同的空间，**比如一起去看电影、一起吃饭、一起演讲等。

3. 事业、家务、财务的合作

第三个挑战就是合作，就像我们合作演奏一首美妙的乐曲，谁弹错了，都会让这段音乐失去它原本的旋律，婚姻也是如此，**婚姻绝对不是一个人的事，它是需要和另外一个人合作。**

第一个是事业。每个人都要有自己的事业，作为与他人平等的基础。**我不太赞成全职宝妈，因为你体现不了价值，你是很难得到别人尊重的。**

真相往往当事人是很难接受的，因为没有谁愿意承认自己的不幸，但我们要让当事人直面现实，看清自己的不足，明白一个道理，即**婚姻中两个人都要有自己的事业，说白了都要有收入来源。**孩子刚生下来可能妈妈付出多一点，这个时候妈妈的陪伴确实很重要，等孩子上幼儿园以后，女人要去寻求一份收入，在家庭中体现个人价值。

第二是家务。家务是两个人的事，家务事其实是挺烦琐的一件事，天天需要做饭、洗衣服等等，很多男人就把这些事全部推到老婆一个人身上，甚至认为这样的事就应该老婆来做，老婆做得不好就是老婆的错，这是非常不合理的一个想法，**如果老公有这样的信念，代表老公还没有真正长大，他找的是妈妈，而不是老婆。**

吃饭如果是两个人一起吃，那做饭这件事就应该是我们两人的责任，我们家是分工的，我负责洗菜、炒菜，而我老婆负责洗碗、打扫厨房的卫生，这就是一种平衡，如果全部都是老婆做的，那老公最基本的也要说一声老婆你辛苦了，谢谢你，这也是平衡，她不是你妈妈，所以夫妻之间千万不要觉得对方做事是应该的，当你认为都是应该的，如果对方没有做，你就会产生痛苦。

第三是财务，很多婚姻中的矛盾都和这个有关系，**因为钱的问题是夫妻之间的核心利益问题**。

很多家庭是老婆掌握财务大权，男人偷偷藏些私房钱，在我来看，这是极度的不平衡，只要有不平衡都会在其他地方找回平衡，**任何的不平衡都会在平衡中平衡，**如果老公每天工作很辛苦，赚的钱全部归老婆，自己想买件衣服还要受老婆的管控，你觉得这样的人生有意义吗？这叫夫妻吗？**这是一个没有安全感的妈妈带着一个听话的孩子，是畸形的爱情**。

所以我的建议是两个人都要有自己的收入，如果老公收入6000元，老婆收入3000元，那每个人拿出收入的70%作为家庭基金，用于孩子教育、家庭开支、健康和疾病的保障等，另外30%可以自由安排，不需要向对方汇报，比如老公想要孝顺一下妈妈，就可以自己去买一些东西送给妈妈。**这就是既有我们共同的利益，又给彼此一些空间**。

4. 孩子教育

关于孩子教育问题的冲突主要来自价值观的冲突，因为夫妻两个人来自不同的原生家庭，双方都有自己的一套价值观。

比如，爸爸是一位成功的企业家，但爸爸没有念过大学，所以他可能不太重视成绩，因为他不是靠学历成功的。妈妈是一位老师，她是通过考上大学改变命运的，所以她很重视孩子的学习，因此他们夫妻对孩子的教育理念会有很大区别，在教育孩子时就会有冲突。

5. 赡养父母

父母是我们的根，我们的生命来自我们的父母，当我们结婚后，想到父母生活条件不好，希望能让父母生活更好一些，**这个叫“良知”**。

父母对每一个孩子来说都非常重要，这是最深的原爱在里面。所以我经常说，夫妻吵架最核心的一条就是不要上升到对方的父母，比如说，就是你妈小气才生出你这样小气的人、就是你父母没有教养才把你教成这样、你们一家人没有一个懂事的等，这样说触碰到很多人的底线了，所以切记不要这样吵架，后果是很严重的，夫妻吵架是你们两个人的事，与其他人无关。

关于赡养父母我有两个建议。

第一，对父母的态度好才是真正的孝顺。什么是爱？**对方犯了错，而你愿意带着慈悲去接纳对方，这就是爱**。

第二，夫妻双方要为各自父母负责任。我的父母就应该我自己来孝顺，而如果当老婆也是这样想的时候，你会发现关系会轻松很多。当我们觉得都是理所应当的时候，失落和痛苦就在后面等着你。

婚姻的三大基石

一所房子的墙壁斑驳了，外墙的瓷片掉了，这些绝对不会让房子倒塌，但是如果地基出现问题了，房子就会出现危险。婚姻的三大基石指的就是房子的地基，我总结出下面三个核心问题。

1. 要成为有价值的人

我经常问大家一个问题，你为什么愿意花15元买一个杯子？很多学员会说：因为它能装水、装茶、装酒或者其他的东西。这个就是杯子的价值，如果有一天杯子不小心摔坏了，你会怎么做？同学们说那就只能丢到垃圾桶去了。

其实在婚姻中也是同样道理，每个人都要体现出自己的价值，**你的价值越大，对方就越爱你，**反之你的价值越小，爱也许就没有那么多了。比如老公工作很稳定，同时他还会做饭，还会带老婆去旅游，对家庭来说他是有价值的，但他卫生习惯不太好，或者脾气没有那么好，但是老婆综合考虑认为老公的价值大于缺点，所以老婆还是能忍受老公的缺点的。

如果这位老婆比较会做家务，能洗衣服，带孩子，比较勤劳，但她不注意形象，外表邋遢，没有工作，整天抱怨，老公综合考虑认为老婆价值小于优点，老公对老婆就不是很好，夫妻感情就会受影响。

如果一个男人成家立业后还是沉迷游戏，说明两个问题。第一，他在现实生活中找不到归属感和价值感，不管是工作还是生活，没有让自己值得拚搏的目标。第二，他和父亲的连接存在问题，没有应对世界的力量感，因此才会不分昼夜地打游戏来找寻力量，同时又躲避现实。

所以在婚姻中，每个人都要思考自己的价值是什么？你有哪些不可替代的价值？哪些价值能够大于你的缺点。很多学员问，为什么老公不回家？为什么老公不带我去旅游？为什么老婆不尊重我？为什么老婆对我态度不好？我想问，你们用什么能吸引对方？**把价值弄清楚了，你就能明白婚姻稳定的核心是什么了。**

一定要记住90%的男人都是以视觉为主，因此说**男人的漏洞是眼睛，**所以女性你一定要注意自己的形象。而90%的女人都经受不住甜言蜜语，因此说**女人的漏洞是耳朵，**女人往往比较感性，非常容易活在梦幻世界里，都渴望成为童话故事里面的白雪公主，等着那个骑着白马的王子来爱她一生一世，结果很多女人没有等到白马王子。

所以想办法提升自己的价值吧。**与其寻找，不如吸引，**你天天寻找爱，渴望对方爱你，你还不如提升自己的价值吸引对方来爱你。

2. 性是婚姻的重要基石

从远古时期，男性就是力量的代表，男性出去打猎，而女性在家养育孩子，你会发现很多的战争都是和男人的征服欲有关，他想证明自己，而男人最渴望征服的是女人。

当男人在性方面能够征服他心爱的女人的时候，男人会有一种非常被崇拜的感觉，男性的力量能够全面爆发出来。而如果老婆在性方面侮辱老公，其实这是对男人最大的侮辱。

目前我们已知的唯一能够传承生命的就是通过“性”，所以海灵格说，**性大于爱**。我们人类能够传承到今天，都是由性而诞生生命。

夫妻美好的性生活有什么好处呢？

第一，生命的传承，可以与伴侣最深度地连接。

第二，可以释放压力。当男人在外面压力很大，或者很焦虑的时候，性可以释放非常多的压力，女性也是一样，当女人受了很多的委屈，和谐的性生活能够释放女人非常多的委屈。

第三，性有助于睡眠，有报告研究，性对睡眠是有帮助的。

3. 婚姻中的身份

弗洛伊德提出过“三我”理论，本我、自我、超我。我从婚姻的角度提出我们每个人也有三重自我，对应三重心智。

第一身份：孩子身份（孩子心智）

一般提到年龄，大家第一时间想到的是身份证上的年龄，但同时我们还有一个心理年龄，也叫**心智年龄**。我们每个人都要经历儿童期再到青春期再到成人期，而我们往往实际年龄和心理年龄是很难同步发展的，那什么是孩子心智呢？

孩子有一个最重要的信念就是你要为我的人生负责任，比如妈妈我今天在学校不开心，有同学欺负我，妈妈你要为我出头。我今天在马路上碰到了一个石头把我绊倒了，摔得我很痛啊，都是石头的错，妈妈你要帮我打石头。孩童心智就是自己的人生交给父母，我的快乐与幸福都是父母的事，我不开心是父母让我不开心的，我不快乐是父母让我不快乐的。

所以很多人走进婚姻之后，心智还没有完全成熟，以一种儿童的心智走进婚姻，我把我的幸福快乐托付给你了，我在婚姻里受伤了都是你害的。**老公的儿童心智表现在，老婆需要理解我，老婆需要包容我，老婆要**

全部来满足我的需求，这样的心智是没办法以一种健康的婚姻状态持续下去的。

第二身份：成人身份（成人心智）

成人心智基本是通过后天的学习成长提升的，我最开始学习心理学只有一个目标，就是帮助更多的家庭实现幸福的愿望。我当时认为自己的心理没有任何“问题”，经过10年的学习，我才发现自己当年是多么的傲慢与无知，在这里我要纠正一个观点，很多人认为只有心理有问题的人才学心理学，这是一个非常大的误区。心理学目前分两大类：一类是学院派心理学，就是医院的专业医生，比如治疗精神病的医生；另一类就是后现代心理学，比如艾瑞克森催眠、萨提亚家庭治疗、NLP神经语言程序学，这些主要用于处理家庭关系，或者自我的情绪处理等，目前后现代心理学在国内属于蓬勃发展的阶段。学习后现代心理学是为了更好地了解自己并与他人更好地进行连接的一套方法与工具。而不是有心理问题的人才学。

什么是成人心智呢？**最核心的一点就是我可以为我的人生负责任。**

第三身份：父母身份（父母心智）

那什么是父母心智呢？你回忆一下你小时候和父母是怎么相处的？当你把袜子乱扔时，父母会教你袜子如何归位。当我们在吃饭时，如果左手没有拿碗，或者用筷子在菜里面翻来翻去，父母会告诉我们这都是不礼貌的行为。父母还会教我们遇到陌生人要有礼貌，家里来客人了要学会与人打招呼，要记得给客人倒茶等等。

所以父母的第一个表现就是要教导我们，或者改造我们。这里我就要问大家，在婚姻里面你有想改造对方的时候吗？你有教导对方的时候吗？婚姻常出现的问题就是身份错位，你做了对方的妈妈，只有妈妈天天让我改变，天天教导我怎么做人怎么做事，而很多老婆当了老公的妈妈，自己却浑然不知。

老公离老婆越来越远，为什么？因为自己找的是老婆，不是找来教导我的妈妈，结婚前老婆看到的是老公优秀的一面，结婚后，老婆看到老公不好的一面，老婆就想改造老公。成人心态就应该接受真实的老公，而不是总想做老公的妈妈，改造老公。

老公也会做老婆的爸爸，就像带一个女儿一样，希望改造老婆，经常对老婆说，你要温柔一点，你脾气要好一点，你穿衣服要有品位，天天教老婆怎么做人做事，这就是当了对方爸爸的表现。同时老婆也渴望找一个理解自己，包容自己，全部都能满足自己的男人，这是老婆想找爸爸的表现。

难道婚姻里只能就任由其发展？不改变对方吗？我在这里分享两点。

第一，不洗脚睡觉、乱扔袜子，或者有些不爱干净，这件事真的那么重要吗？你就非要对方改变？是改变对方重要还是你们的关系和谐重要？

第二，**人是不愿意被改变的，除非他感受到了爱，他感受到了被接纳，他感受到了不被强迫改变了**。这时才能自愿去改变，人是不可能接受强制被改变的。

接下来我用下面的图4-2来让大家更加容易理解三重身份对婚姻的影响。

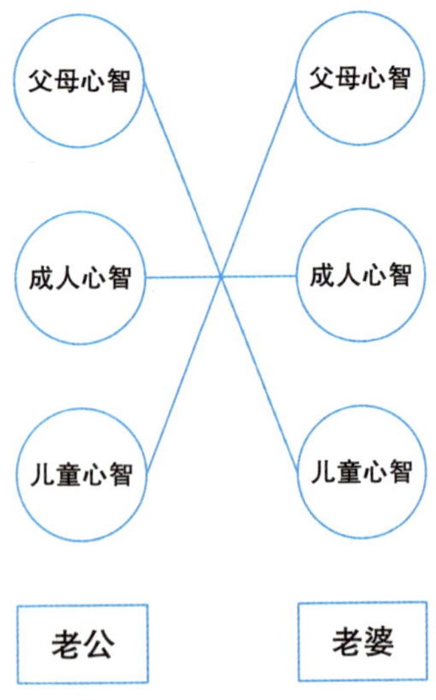

图4-2 婚姻中的三重身份

最后我们来总结一下，我们每个人在婚姻当中都有三重身份，即孩子身份、成人身份、父母身份。**当我们在婚姻中如果只有一种身份的时候就会缺乏创造力，**比如：老婆总是以一个孩子的身份和老公相处，心里会觉得很委屈；或者老婆总是以父母的身份想去改变老公，什么事老婆都要管，老婆会觉得特别累；或者老公每天都以一个成人的身份生活，缺乏幽默与顽皮，每天都戴着面具生活，婚姻会很无趣。这些都会让我们在婚姻当中陷入僵局。

很多人学习了我的课程后，误以为只需要摆脱孩子身份、父母身份，全部变成成人身份，我的婚姻就幸福了，其实不然，学习三重身份的重点，是想告诉大家，在不同时间、不同地点，我们需要用不同身份，**清楚自己在什么情况下应该是什么身份。**

当夫妻来到海边，游走在沙滩上，老婆脱掉鞋子和老公在沙滩边玩水，让自己的孩子身份表现出来，当然是非常适合的。当老公生病了，老婆像母亲一样去照顾他，这时表现出母亲的身份就很合适。所以学习三重身份**主要是要明确自己目前是哪种身份，这个身份合适吗？**如果感觉痛苦，那就说明你的身份不对，需要及时调整。

婚姻的三个建议

1. 接受对方本来的样子

很多人认为结婚前后对方好像不一样了，结婚前只看见优点了，结婚后才发现对方缺点真多，其实结婚前后都是一个人，同时具有优点和缺点**才是完整的他（她）**。

就像一群大学室友讨论以后你希望嫁给什么样的男人？有人说，我希望我未来的老公身高1.80米，不抽烟、不喝酒、浪漫、体贴、温柔。当我们带着这种标准去找老公，而现实中又无法实现时，你会感觉非常痛苦的。我也算是阅人无数了，这样的人我真的没有见到过。有人说，赵老师就很完美，我说，我不是一个完美的人，我的优点与缺点是并存的。只是我在不断修炼自己，让自己接近完整，而不是完美。

真正爱一个人就要接受他本来的样子，让你理想的伴侣在你心中死去，不然你这颗要改变对方的心就不会停止，因为每个人走进婚姻都带着无比的憧憬与渴望。其实有些事并不影响你们的夫妻感情，他喜欢洗脸和洗脚用一个盆，你就让他用，你可以给自己多买几个盆，因为我们来自不同的原生家庭，**没有两个人是一样的，爱得多不如爱得对，**你爱人喜欢经常洗被子，你就让她多洗几次，就像我们家牙膏有2种以上，洗发水也有2种以上，杯子有好几个，这样不是很好吗？每个人都按自己的方式生活，世界才更有意思啊，如果全世界都和你一样，那会有这么多的乐趣吗？会有这么美妙的世界吗？

2. 共同爱好

夫妻要共同生活几十年，那这几十年我们要怎么样生活呢？**夫妻之间首先是要有吸力，相互的吸力越大，关系就越牢固，而相互的推力越大，关系就越容易断掉，**往往长久的吸力与共同爱好有关，这些爱好往往是两个人在一起之后慢慢培养出来的。

曾经有一个学员找我求助，希望能够挽回和他老婆的关系，他们的婚姻已经过得非常冷淡了，我就问他，你们之间有什么共同爱好吗？他说，平常我们的工作都很忙碌，在休息的时候，我爱人喜欢户外摄影，而我喜欢和一群朋友去钓鱼。我说，如果你真的希望挽回这段感情，我给你一个建议，你也去学学摄影，并且和你爱人一起去摄影。后来他听了我的建议，买了摄影器材去学习摄影，并且和她的爱人一起去摄影，一起度假。结果他们的关系发生了很大的改变。**我经常开玩笑说，你不陪你爱人玩，就会有其他人代替你去陪他玩。你不陪你爱人创造更多的兴趣爱好，就会有其他人代替你去完成。**

什么样的夫妻感情能牢固？应该既是夫妻，又是玩伴，又是战友，又是亲人。如果老公的爱好是打麻将，而老婆的爱好是购物，或者老公的爱好是唱KTV，而老婆的爱好是打麻将，这就代表夫妻缺乏连接与交集，只是为了生活而生活而已，关系不亲密。所以我在线下授课时说，你们找伴侣的时候一定要关注你的男朋友或者女朋友，他们在生活中，用什么样的方式放松自己，或者他（她）的爱好是什么？你一定要弄明白，看自己能否接受，别冲动式结婚。

比如，我和我爱人已经结婚10多年了，俗话说婚姻有7年之痒，可我10多年了，还没有感受到什么是痒。我和我爱人一起发展了很多共同爱好，第一个共同爱好就是我们俩对心理学都非常感兴趣，我们都是一起学习，一起讨论分享，我们俩之间除了聊一些家庭的事情，我们还可以聊很多关于心理学的话题。我们俩第二个共同爱好就是看电影，我们会一起看悬疑电影，然后一起聊电影里的桥段，这让我们又多了一份乐趣。还有我们喜欢旅游，偶尔一起玩台球，谁输了谁就帮对方按摩15分钟。这些爱好让我们的生活充满乐趣。

3. 情感账户

和银行账户一样，**我们人与人之间也有一个账户，那个账户就是情感账户。**

比如你过生日时，你有一个朋友千里迢迢来为你庆祝生日，还特别用心地为你准备了生日礼物，这就相当于他在你们俩的情感账户里面存了他的情感，下一年你过生日时，他又用心来为你庆祝生日，给你准备生日礼物，如果有一天他过生日时，你会怎么对待他？或者他需要你帮助时，你会愿意帮助他吗？

人与人之间情感的储备是非常重要的，比如你渴望领导重视你，不是等你需要的时候再去送礼物或者存情感，而是在之前就需要做情感的储备。你还记得你们夫妻是怎么在一起的吗？我猜肯定是你约你女朋友去看电影，或者去逛公园，又或者一起去唱歌，并给她买礼物等。这些是什么？都是你在你们的情感账户里存情感，而有的女士给男朋友买礼物，关心他，这也是在存情感，等两个人的情感账户里情感存了很多的时候，结婚就水到渠成了。

而很多人的婚姻是什么样的？结婚之后男士再也不约会了，也不和老婆去看电影了，不买礼物了。而有些女士结婚之后再也不买礼物了，也不关心老公了，不像恋爱时那么温柔了，这样做就等于在双方的情感账户里不断取出自己的情感，等账户取空了，感情就淡了。

我经常问学员，如何证明你爱对方？你给对方洗衣服、帮他做饭、带孩子、买礼物，这是你向情感账户里不断存你的情感，这是你爱对方，但如果我做了这些，对方却没有回报，比如给老公买个生日礼物，等我生日时，我老公没有给我送礼物，我就非常生气，那你买礼物是一种什么样的爱？是交换的爱。如果我给我老公洗衣服，我就希望老公帮我做饭，这也是一种交换的爱，交换的爱也是指在情感账户中交换感情，但如果双方太在意自己能取多少，就会比较失落和失望。如果真正爱对方，应该更关注自己向情感账户里存了多少，而不是关注我们能交换多少。**所以婚姻幸福的前提是我们都是成人心态**，我们都是为了和我们的人生伴侣度过我们的余生，那我们就肯定需要定期存情感。

有一次我讲课开车回来，我有一些疲惫，而我老婆在娘家，她希望我去接她回家，我当时心里想，难道你不知道我讲课有多辛苦吗？难道你不能自己打个车回家吗？还要我接？可是我马上转念一想，存情感的时候又到了，我既然爱她，就应该去接她一起回家，不能让她独自打车回家。所以夫妻就是这样，我陪她逛街，她陪我吃饭；我陪她看电影，我送她鲜花；她陪我去打台球，她送我皮带。当我们两个不断地往我们的情感账户存情感的时候，我们的感情就会越来越好，**假设有一天我们吵架了，也不至于婚姻破裂。**

有个学员找我咨询说，我很爱我的老婆，可是我们之间发生了很多不愉快的事情，我又很想修复我们的感情，我该怎么办？我说，你还记得你怎么追求她的吗？他说，我记得啊。**我说，那你就重新爱一回，重新追一回，只要爱还在，一切皆有可能。**

冥想疗愈

我带领大家做一个两性关系的冥想疗愈练习，这个练习的主题就是回归身份的练习。我们童年因父母未满足的渴望，往往会投射在我们的伴侣身上，期望我们的伴侣来满足我们这种渴望，这样就会出现身份错位，从而感觉委屈，**那接下来的这个冥想疗愈就是回归我们自己的身份，重建爱的序位**。首先我们找到一个安静舒适的环境，确保我们不会被打扰。

我们慢慢地站起来……闭上眼睛……把注意力关注在我们的呼吸上……慢慢地吸气……慢慢地吐气……你可以放松你的肩膀……你也可以放松你的手臂……再慢慢地放松我们的腰部……腿部……感受双脚踏在地板上的感觉……如果感觉自己还有哪里不放松……可以通过呼气的方式把它呼出来……让自己完完全全地放松下来……

现在要请你回忆你和你爱人之间发生矛盾的一件事……要请你想象你的伴侣出现在你的对面……留意一下他（她）的眼睛……以及他（她）的面部表情……以及一些特别的肢体动作……然后再回忆一下这件事带给你

的情绪感受……当时发生了什么……对方说了什么……或者做了什么……让你特别不舒服或者委屈的事是什么……甚至这件事都让你感觉到自己情绪失控的状态……你听到了什么……你看到了什么……当你回忆起来之后……现在要请你去感受一下这是一种什么样的情绪……是一种什么样的感受……是愤怒吗……是委屈吗……还是其他什么样的情绪……

当你留意到这份情绪的时候……请你留意一下它现在在你身体的哪个位置……或许在你的胸口……或者在其他地方……慢慢去感受它……我们不着急……当你感受到这份情绪在你身体某个位置时……现在要请你用你的手轻轻地触碰这个位置……就像抚摸我们心爱的小狗一样……或者抚摸我们心爱的洋娃娃一样……去抚摸它……去感受它……然后对它说……我看到你了……我感受到你了……谢谢你用这样的方式提醒我……让我去成长去疗愈……谢谢你……然后把一个呼吸带到这个情绪的地方……

然后要请你在心里去想……看着你的伴侣……然后对他（她）说……当我们之间发生这样的事情的时候……我感觉到愤怒……委屈……我也非常生气和难受……我知道我有需要成长的地方……你也有需要成长的地方……但是我只能做你的伴侣……我没有资格去做你的父母……我也没有资格去改造你……也没有资格去教导你……对不起……我把不属于我的身份还给你……现在要请你弯下腰来……双手自然地垂下……把不属于你的都还给对方……想象这种情绪就像一道白光从你的身体里面飞了出去……飞了出去……直到自己感觉到轻松……

当你感觉到轻松了……你就可以慢慢地站起来……然后再次看向对方的眼睛说……也许你对我也有一份期待……而我只能做伴侣能做的……不能更多……我没有资格去做你的父母……我也做不到……对不起……现在我想回到我是伴侣的身份……以伴侣的身份来爱你……尊重你……谢谢你……如果可以的话……我想用一个全新的成人身份来拥抱你……爱你……可以吗……可以的话……再慢慢地靠近……拥抱……连接……然后再慢慢地回到当下。

真实疗愈个案

沟通是表达自己的需求而不是命令

案主：女士，40岁，希望改善夫妻关系。

赵中华：你想做什么主题？

案主：我想改善夫妻关系。

赵中华：你们结婚多久了？有几个孩子？

案主：结婚16年了。有三个小孩，分别是14岁、6岁、3岁。

赵中华：你们是怎么认识的？

案主：他在我同学店里上班，我同学说他很勤劳，然后刚好我每一次给同学打电话都是他接的，电话里聊过好多次，我们就好上了。

赵中华：你在说你们恋爱的时候，感觉你还是很甜蜜的。

案主：对，当时很甜蜜，当时觉得我找到了真命天子，因为我就是想找一个勤劳的、老实的、靠得住的，这样就行了。

赵中华：你这句话背后的意思，好像是你觉得你爸爸不老实？

案主：我爸爸是不负责任的人，他喜欢喝酒，不作为，不管家里的事，我读几年级他都不知道。但他人际关系很好，挺善良的，乐于助人，为人也很大方。

赵中华：你妈妈呢？

案主：我妈妈很能干，也很勤劳，但她做了好事要让大家都知道，经常告诉我们她很能干。

赵中华：你父母的关系怎么样？

案主：他们的关系时好时坏，关系一般吧。

赵中华：父母和你们之间的关系怎么样？

案主：都一般吧，我没有感受到很亲密。

赵中华：你有几个兄弟姐妹？

案主：我排第二，有一个姐姐，两个妹妹，一个弟弟。

赵中华：那你家里面挺热闹的。

案主：不算很热闹，虽然人多，但除了吃饭，很少聚在一起。爸爸有时候不回来吃饭，有一个妹妹经常到爷爷家去，我现在出来工作了，就很少能聚在一起了。

赵中华：你小时候有亲子中断吗？

案主：没有，我们家就是放养式的教育。

赵中华：你为什么说你爸爸不负责任？

案主：因为从我懂事起，我就看到妈妈干农活，甚至是干很多男人干的活，所以我们也帮着妈妈做。我爸爸经常和狐朋狗友出去，没有帮家里承担责任，包括我们的学费也不管。

赵中华：你爸是做什么工作的？

案主：他是司机，他17岁就开拖拉机，整个村没有谁不认识他，他人际关系真的很好。

赵中华：他有外遇吗？

案主：没有。我就是觉得我妈太累了，为妈妈打抱不平，如果我是他的话，作为一个男人肯定要爱护老婆孩子，把日子过得更好些。

赵中华：你对你老公的要求是不是挺多的？

案主：我觉得都是基本要求，承担起家庭的责任。

赵中华：都是关于责任，你是在弥补你妈妈的缺失，你觉得妈妈没有做到，你要做到，你结婚后，如果你感到你老公不负责任，你就会很愤怒，因为你爸爸不负责任对你影响很大。你们夫妻现在的关系怎么样？

案主：前一阵我打算离婚。

赵中华：你形容一下你老公。

案主：结婚之前，我觉得他很有责任感，也很勤劳，现在觉得他不负责任，家里的事也不管，和他商量买房子、装修的事，他都不愿意聊。

赵中华：你们很少沟通？

案主：是的，这种情况有六七年了，他不是家庭排第一，是他朋友排第一，我结婚前，我就默默发誓，以后找个老公绝对不要酗酒，不能不负责任，但现在他好像我爸的复制品。

赵中华：结婚前他喝酒吗？

案主：喝得比较少，现在即使是半夜有人约他出去喝酒，他也会去，他说人家邀请我出去喝酒，我不能不给面子，我就自己生闷气。

赵中华：孩子和谁亲密一点？

案主：和我老公亲密一点，他很喜欢孩子。

赵中华：在你成长过程中有什么重要的事情对你影响比较大？

案主：我读初中的时候，我爸和我妈吵架，好像拿出刀来了，我没亲眼见到。还有我8岁那年，过年时我叔叔婶婶买了些玩具，分到我时没有了，我就离家出走了，没有人知道了，我自己一个人生气，走了挺远，后来感到害怕，就又回来了。还有一次是我10岁时，我妹妹用竹竿敲我，我受伤流血了。

赵中华：你希望和你老公的关系恢复到什么程度？

案主：能够顺畅沟通，现在我和我老公一沟通他就拒绝，要么说在家里别谈事情，要么是白天工作地方又看不到人。比如，我说，我们现在要聊一下我们的规划。他说，我现在没空。我说，什么时候有空？他说，我有空再通知你。我就特别生气。

赵中华：你根本不是沟通，是审犯人，你高高在上的姿态，让对方不舒服。

案主：我也不是想要改变他，只不过想生活好一点。

赵中华：如果发现老公是不负责任的，你就会情绪失控，让你想到了爸爸，这是根源。我们看一下排列。

• 排列呈现

（引入爸爸代表、妈妈代表、大姐代表、三妹代表、四妹代表、弟弟代表、案主代表）

赵中华：大家跟着感觉移动一下（见图4–3）。

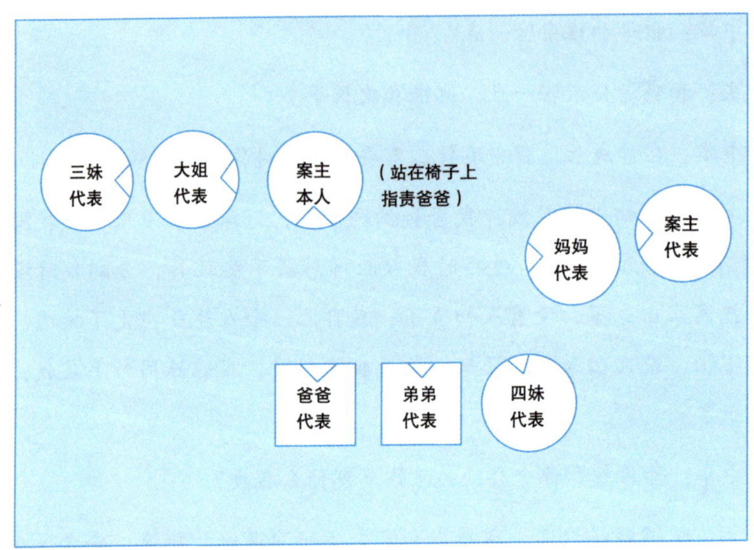

图4–3　各位代表排列呈现

赵中华：看到这个排列你有什么感受？

案主：不是我想象的那么完美，七零八落的，有一点失落。

爸爸代表：我觉得有儿子，我就很放心。

妈妈代表：我有点不太想靠近老公。

赵中华：（对案主说）你什么感觉？

案主：我就是想给妈妈撑腰，爸爸代表说有儿子就放心了，实际上我家生这么多孩子，就是为了要一个儿子，所以生了儿子他很开心。

赵中华：你给妈妈撑腰，就是充当了你们家的拯救者，所以你很累。

案主：我看到妈妈这么累很难受，但是那时候我又没有能力，没有办法，我想拯救妈妈，但我做不到，我恨爸爸，他没有照顾我们，恨妈妈没有和我爸沟通好，导致我们缺爱，虽然爸爸去世了，但我还是有点恨他。

赵中华：爸爸怎么去世的？

案主：他总是喝酒，得了肝癌。

赵中华：你站在椅子上，对父亲说，你不负责任，你不配做爸爸。

案主：你不负责任，你不配做爸爸。

爸爸代表：我感到很孤独。

赵中华：你有什么感受？

案主：我不该这样指责爸爸，因为我是女儿。

赵中华：你有这样的领悟很好。

案主：我心里舒服多了，也踏实很多。

赵中华：你知道为什么老公不跟你沟通吗？你也是站在那把椅子上跟他说话，你感觉到了吗？

案主：应该是的。

赵中华：先放低姿态，学会温柔，再谈沟通的事。我带你一起对爸爸说段话。

老师带着案主一起说

你是我的爸爸，我是你的女儿，我没有资格去要求你去做一个怎样的爸爸，对不起，原谅我的傲慢。

赵中华：给爸爸鞠躬，爸爸有爸爸的方式，爸爸有爸爸的人生，你没有权利去干涉。

老师带着案主一起说

妈妈，我很爱你，我一直想替你去做一些事情，去弥补你没做到的，但是我发现我也做不到，我好累，我也不能拯救你们。

赵中华：给妈妈鞠躬。

老师带着妈妈代表一起说

女儿，我有我自己的命运，是我自己选择的，与你无关，我一点都不可怜，我有这么多孩子，我有你的爸爸，我的人生与你无关。

赵中华：你现在有什么感觉？

案主：我感觉我这颗操劳的心放下来了。

赵中华：你是个很善良的女孩子，从小就有拯救者情结，要拯救整个家庭，要拯救兄弟姐妹，还要拯救父母，要改变爸爸喝酒的习惯，要让爸爸负责任。结婚后，你要改变老公，你做到了吗？

案主：我真的很累。

赵中华：对，这就是身份不对，有些东西是不能改的，父母是我们的长辈，他们有他们的命运。我们再看看你现在家庭的排列。

• 排列呈现

（引入老公代表、大女儿代表、小女儿代表、儿子代表、案主代表）

赵中华：大家跟着感觉移动一下（见图4-4）。

赵中华：老公代表什么感觉？

老公代表：不想和老婆挨得太近了，有点畏惧，希望和儿子待在一起。

儿子代表：我觉得我想跟爸爸在一起。

大女儿代表：我也想跟爸爸在一起。

小女儿代表：我觉得妈妈很无助，很孤单，我就过来和妈妈在一起。

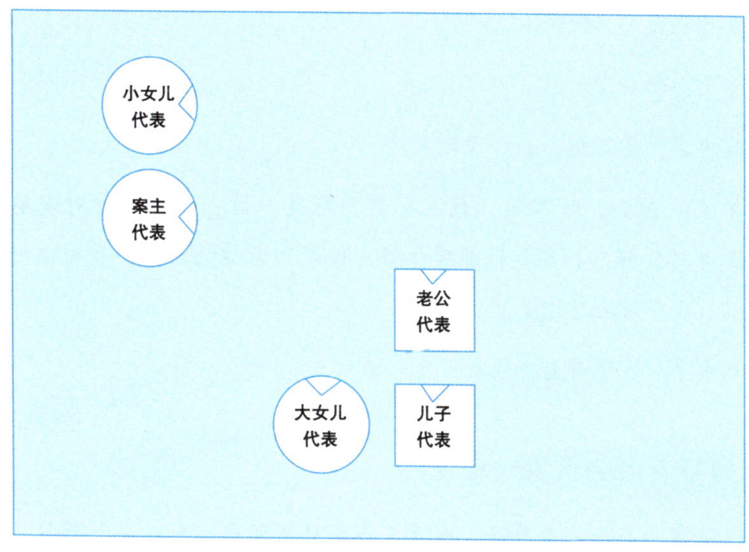

图4-4 各位代表排列呈现

案主代表：小女儿在这边心里舒服一点。

赵中华：你看完之后什么感受？

案主：心里不好受，我心中幸福的家庭就是全家人围在一起，可现在这样子，我心里不舒服。

赵中华：你一直生活在幻想里，觉得只要我每天监督孩子做作业，孩子就一定会上大学，只要我每天对老公说你回来，老公就一辈子对我不离不弃，我和老公沟通，老公就应该跟我沟通。现实世界中应该是我只负责我该做的，对方怎么做是对方的事。有什么话对老公说？

案主：老公，其实我也不是对你有很高的要求，我只是想让你多待在家里，别总是在朋友身上花那么多精力。

赵中华：你说的这些话换成一句话，老公我需要你。

案主：老公我需要你，我很孤独，我也很累。

赵中华：不要和对方讲道理，直接说出你的需求，比如今天我怕黑，我想抱着你。把你的脆弱表现出来，把你的面具撕下来，这才叫沟通，沟通不是你教我怎么做事。

案主：明白了。

赵中华：你还想和老公说什么？

案主：老公，对不起，我没有更多地关心你，我觉得你对我不好，我就没有对你好，其实我很想对你好，但是因为你的表现，我对你好不起来，以后我要改变自己。

赵中华：我带着老公代表说几句话。

老师带着老公代表一起说

老婆，我有一份责任，我也有我的原生家庭，我只是你老公，我不是你的爸爸，你也不是我的妈妈，我无法疗愈你，更不能去修复你爸爸不负责任带给你的创伤，我做不到。

赵中华：你感觉怎么样？

案主：我心里舒服多了。

赵中华：你爱他吗？

案主：我爱他。

赵中华：其实你们还是很相爱，否则他不可能跟你在一起十几年，你知道你老公为什么会酗酒吗？他需要有自己的空间，他需要爱，你每天跟他讲道理，他没人去倾诉，他就拿酒倾诉。你要学会温柔。你觉得你做什么事可以改善你们俩的关系？

案主：一起看电影。

赵中华：再加一件，一起去旅游。

案主：好的。

赵中华：做一个姿势代表放松，想一件你们沟通不愉快的事，你非常气愤，这种情绪在你身体的什么位置？把手放在这个位置上，你小时候有什么让你害怕的事？

案主：爸爸妈妈说要离婚。

赵中华：你不能接受父母的离婚，你很无奈，很伤心，你说出来，爸爸妈妈不要离婚，我很伤心，我很害怕，你深呼吸，站起来，用一个动作代表放松自己，用一个动作来代表爱自己，然后蹲在地上，跟随音乐慢慢站起来，把手打开，放松自己，再收回来，拥抱自己，再打开，再抱自己，然后跟8岁的自己说，让我来抱抱你，让我来给你爱，我来疗愈你，你不再害怕了，因为今天的我长大了，我知道怎么爱你了，你不再需要向别人索取了，因为我能给你，我爱你宝贝，我爱你。再做一个深呼吸，感觉自己的身体开始变化，用一个姿势代表温柔的自己，记住这个温柔的姿势，今后的婚姻中你很需要温柔，用爱心送给这个世界，用爱心送给所有需要的人，我要做一个全新的自己，把手举高，说，我爱你们，我长大了，我感受到爱了，谢谢你们。

案主：我现在很开心，感觉原来的烦恼都不是问题了。

赵中华：布置个作业，对自己说，我看见你了，我感受到你了，我接纳你，我爱你，连续说63天。还有一定要去旅游一趟。把这些都做完了再聊沟通的事。

赵中华洞见

案主的目标是改善夫妻关系，他们之间的障碍是不能有效沟通。什么是沟通？你去把地拖一下，你十点必须睡觉，把我的衣服拿过来，这是沟通吗？这是命令。沟通一定是双向的，有来有往才是沟通。

什么是有效沟通？有效沟通一定要真实表达自己的需求，不是和对方讲道理。无法表达自己的需求，是因为我们脆弱，因为我们害怕受伤，当我们小时候向爸爸妈妈表达的时候，曾经受到了伤害，所以结婚后，在向爱人表达时我不敢表达。

当我们向爱人表达自己需要拥抱，需要陪伴，害怕孤独时，也许对方不一定会马上满足我的需求，但是对方会明白我想要什么，而不是和对方讲道理，爱要表达才知道。

爱人无法疗愈自己童年的创伤

案主：女士，36岁，希望调节夫妻关系。

赵中华：你想做什么主题？

案主：改善夫妻关系。我7岁时妈妈就因车祸去世了，我在奶奶家生活，奶奶对我很严厉，我每天放学后都要到田里干活。

赵中华：你想念妈妈吗？什么感受？

案主：每当别人穿新衣服时，我就希望妈妈也给我买新衣服。每当放学时看到别人都有妈妈来接，我就特别想妈妈，希望妈妈来接我。

赵中华：你今天咨询想达到什么目标？

案主：我希望自己今后能够情绪稳定，心态平和。

赵中华：现在对你情绪影响最大的是谁？

案主：我老公和我儿子，还有我婆婆。

赵中华：我们今天只能处理你和一个人的关系，你想处理哪一个？

案主：处理我和我老公的关系。

赵中华：如果他达不到你的要求，你就会发脾气，是吧？

案主：是的，我脾气很暴躁，很容易发火。我觉得他过分依赖我了，希望他自己承担起责任，不要总是把事情交给我，所以我很烦躁。

赵中华：假如他自己承担起责任，你心里到底想要什么？

案主：我希望他理解我、懂我、爱我。

赵中华：其实就是因为你小时候站在学校门口，别人有妈妈接，而你没有，所以你希望你老公能给你这种关爱。

• 排列呈现

（引入案主代表、妈妈代表）

赵中华：大家跟着感觉移动一下（见图4-5）。

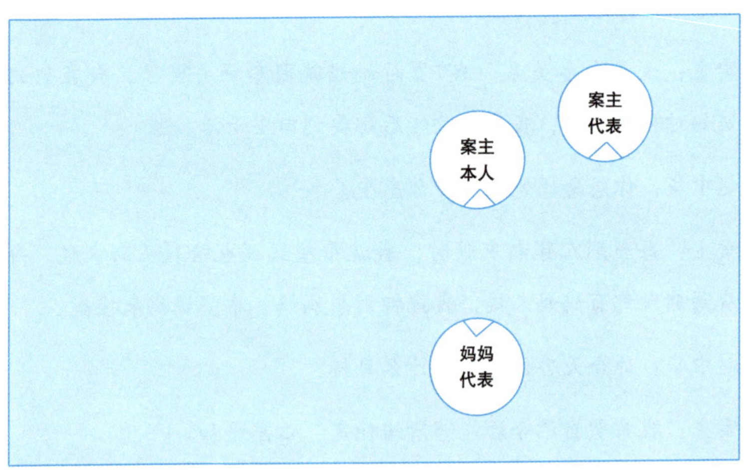

图4-5 各位代表排列呈现

赵中华：你小时候一直渴望妈妈能到学校门口接你，妈妈能给你买新衣服，所以你长大后，就处理不好和爱人的关系，因为你想在老公身上找到妈妈的爱，希望老公的爱能弥补童年爱的缺失。你向前走，每往前走一步，就小十岁，回到7岁的时候，想想自己在学校门口等妈妈的感觉，想想自己每天要去田里干活，在最需要妈妈的时候，妈妈离开了自己。

老师带着案主一起说

妈妈，我很想你，我需要你在校门口接我，我需要你买新衣服，我希望你在奶奶欺负我的时候，帮帮我，妈妈你在哪里？请你给我一点爱，我受了很多伤，我想在别人讨厌我的时候，你不讨厌我。

赵中华：和妈妈拥抱，完全融化在妈妈的身体里，感受妈妈的爱，妈妈的爱源源不断地流入你的身体，想象你的头顶有一道光，穿越你的头，进入你的内心，这是妈妈的爱，滋养你的内心，感觉到温暖。

（妈妈代表对案主说）你很不容易，很期待妈妈的爱，是妈妈没有陪伴你，我感觉到你了，我爱你！

老师带着案主一起说

妈妈，我链接到你的爱了，我已经长大了，我36岁了，我以36岁的人生态度看待我的人生，我将带着你和爸爸给我的爱，带着你们的祝福，去走好我的人生路，妈妈，谢谢你！我长大了，我爱你！

• 排列呈现

（引入老公代表、儿子代表）

赵中华：大家跟着感觉移动一下（见图4–6）。

图4-6　各位代表排列呈现

赵中华：看得出来，在你心里儿子比老公重要多了。老公什么感受?

老公代表：虽然我很爱她，但靠近她时，还是心里发慌。

赵中华：所谓爱的纠缠就是序位不清，序位清晰才能让爱流动起来。能感觉出来你老公还是很喜欢你的，但你做了你老公的妈妈，你老公又做了你的爸爸。所以要给你做一下身份解除。

• 排列呈现

（引入婆婆代表、公公代表）

赵中华：大家跟着感觉移动一下（见图4-7）。

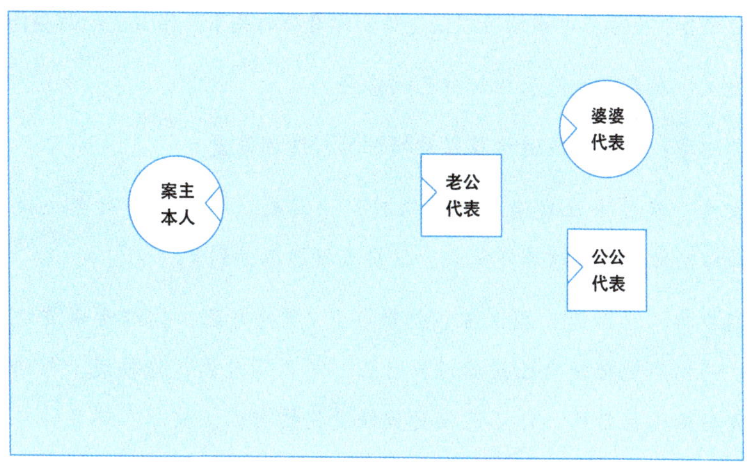

图4-7 各位代表排列呈现

老师带着案主一起说

你是我的老公，我是你的老婆。我只能做你的老婆，我没资格做你的妈妈，去教导你，对不起，我现在把不属于我的身份，还回去。

老师带着婆婆代表一起说

我是他的妈妈，由我来教育他，请你不要站在我的位置上，你只是他的老婆，不是他的妈，你退出属于我的位置，可以吗？

赵中华：你想象一下，从你的身上飞出一道光，飞到他妈妈位置上。

老师带着老公代表一起说

你是我的老婆，我是你的老公，我只能做你的老公，我没有资格也没有权利做你的爸爸，对不起，请你接受我是你老公的身份，有些事情我对你有些伤害，对不起！请你原谅！

赵中华：如果做些事情可以改变你和你老公的关系，你希望他做些什么？

案主：我希望他能承担起自己的责任。

赵中华：你希望他送你花或看场电影，这才是爱。

案主：我原来让我老公送花给我，他骂我。今天我想对老公说，老公，我希望你送一束玫瑰花给我，这样我就能感受到爱。

赵中华：往后退，闭上眼，你现在是7岁的自己，你经常语言攻击自己，说明你不能接受自己，你讨厌自己，所以骂自己，你每说十句话里面就有五句话是骂自己，你不能接受曾经受伤的自己，被别人嫌弃的自己，你经常说别人讨厌自己，会让你觉得自己不够好，你回到7岁的时候，回想自己的感受，慢慢睁开眼睛。

老师带着案主一起说

我不够完美，你能爱我吗？我总是被别人嫌弃，你能接纳我吗？你能爱我吗？我表现不好，你能爱我吗？我从小就没有妈妈，你能爱我吗？我有时反应很慢，你还爱我吗？就算我不完美，你能爱我吗？就算我小时候没有妈妈陪伴，你也能爱我吗？就算我受到很多伤，你还能爱我吗？我需要你，我希望你能接纳我，别把我抛弃在外面，妈妈已经抛弃我在外面了，我需要你来爱我，36岁的我，请你爱我。

赵中华：你一直讨厌那个被奶奶欺负的自己，不能接受自己的过去，总和自己过不去。请你摸着7岁的自己说，让我来爱你吧，你不再会孤单了，你回家了，在世界上终究会有人来爱你，无论你怎样，我都爱你。

案主：谢谢，我感觉好多了。

赵中华洞见

夫妻相处时有一个障碍，就是渴望对方能够疗愈自己童年的伤痛，此时不自觉地就会出现身份错位，自己做了对方的女儿，或者做了对方的儿子，把对方当成自己的父母，从而出现了爱的纠缠，对方也非常痛苦、非常累。婚姻的意义是成就彼此，每个人都要为自己的创伤负责任，对方没有办法疗愈自己童年的创伤，我们都以成人的身份相处时，才会真正成为彼此的人生伴侣。

如何处理婚外情

案主：女士，37岁，希望调节夫妻关系。

赵中华：你想做什么主题？

案主：调节夫妻之间的关系。我结婚7年了，我和我老公三观不同，他和我说话总是不耐烦，他做饭时，如果我进厨房，他就说你出去，不要进来。本来我是好心想给他帮忙，但他总是拒绝。

赵中华：你是什么感觉？

案主：很委屈，也很生气。

赵中华：你理想中的夫妻关系是什么样？

案主：双方心平气和的。

赵中华：他的情绪很影响你，是吗？

案主：对。

赵中华：通过今天的个案，你想达到什么目的？

案主：他即便对我发火，我也不受影响，能够掌控自己的情绪。

赵中华：聊聊你的爸爸。

案主：爸爸很老实，没有责任感，不敢说话。

赵中华：再说说你妈妈。

案主：我妈妈很善良，但脾气不好，我和我妈妈很像，我也脾气不好。

赵中华：你父母吵架时，你在干什么？

案主：我有时会去帮我妈妈，有时会视而不见。我还有个哥哥，他和我妈妈关系好一些。

• 排列呈现

（引入案主代表、爸爸代表、妈妈代表、哥哥代表）

赵中华：大家跟着感觉移动一下（见图4-8）。

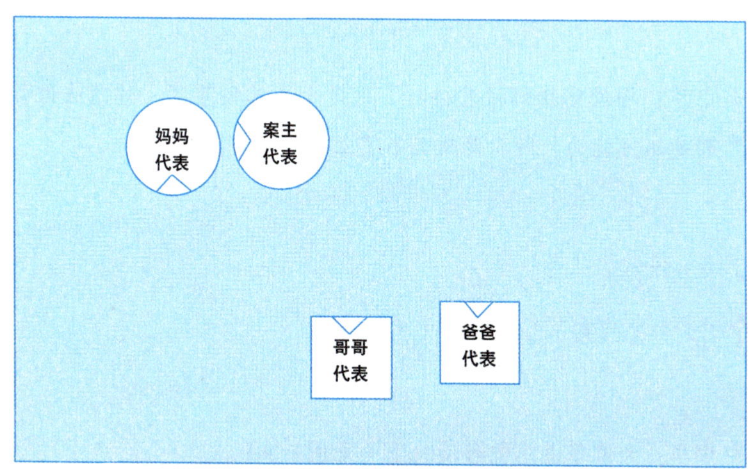

图4-8 各位代表排列呈现

赵中华：妈妈走到哪里，你就跟到哪里，你和妈妈很亲。

案主：我想保护妈妈。

赵中华：你需要解除和妈妈的身份认同，你有没有发现你的脾气和妈妈很像。

案主：我妈妈是被我外公逼着嫁给我爸爸的。

赵中华：你想救你妈妈，你就是站在你外婆的位置上了，你作为女儿是不可能救你妈妈的。

老师带着妈妈代表一起说

女儿，外公逼我嫁给你爸爸，这是我的人生，与你无关，我要为我的人生负责任，女儿谢谢你！

老师带着案主一起说

妈妈，我很爱你，甚至我复制了你的脾气，这一切的一切，都是为了证明我爱你。

赵中华：即便你妈妈被外公打，也是上一辈的事了，你想去做你外公外婆？那是不可能的，所以你改变不了上一辈的事。

• 排列呈现

（引入外公代表）

赵中华：大家跟着感觉移动一下（见图4–9）。

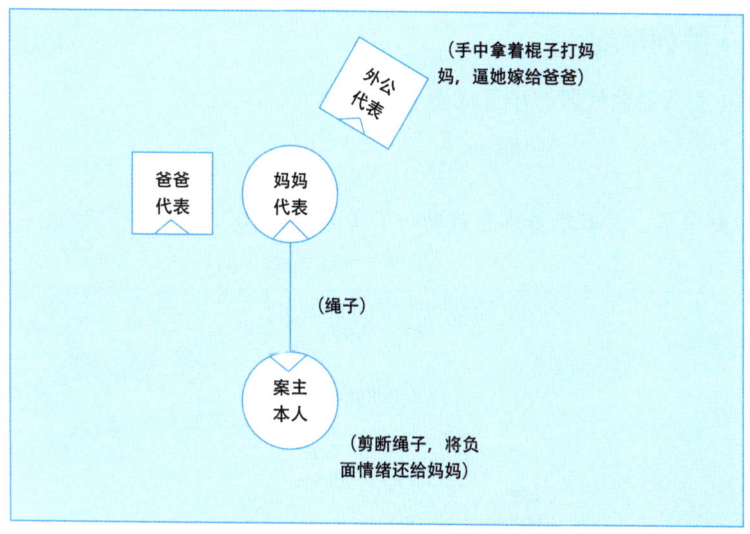

图4–9　各位代表排列呈现

老师带着案主一起说

妈妈，我决定把情绪还给你，把不属于我的还给你，我决定做女儿，回到我女儿的身份，以女儿的身份来爱你。

赵中华：想象自己身体里有妈妈的坏脾气，身体里有拯救父母的情结，剪断这根绳子，让自己从这种情绪中解脱出来。

案主：妈妈，我救不了你，我一直爱你。（剪断绳子）

赵中华：想象你的情绪像一道光一样飞出去，飞到你妈妈的身后。

妈妈代表：女儿，我祝福你，这是爸爸妈妈的命运，与你我无关，谢谢你！

爸爸代表：女儿，我祝福你，这是我和你妈妈的命运，与你无关，谢谢你！

•排列呈现

（引入老公代表、小三代表）

赵中华：大家跟着感觉移动一下（见图4-10）。

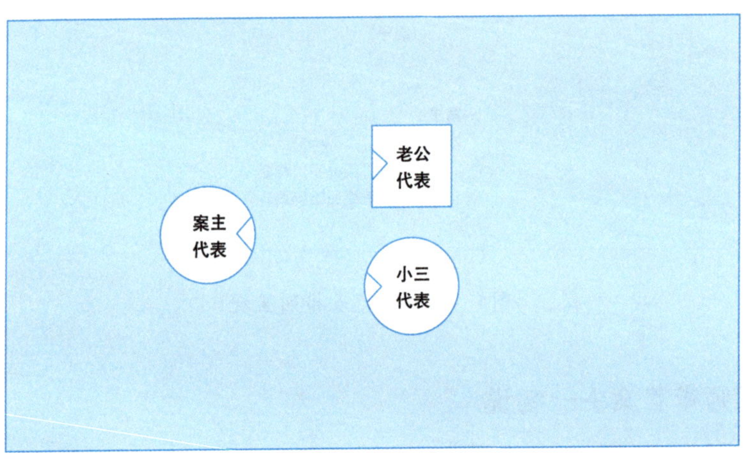

图4-10　各位代表排列呈现

赵中华：看得出来，你排斥你老公。尽管老公有小三，但感觉老公还是爱你的。

案主代表：我心里很委屈，也很生气，又想靠近老公，又不想靠近，心里很矛盾。

老师带着老公代表一起说

你是我的老婆，我是你的老公，我只能做你的老公，没办法做你的爸爸，也许你对我有些期待，但这种期待是你对爸爸的期待，对不起！我做不到。

赵中华：爸爸是爸爸，老公是老公，这是两个人，你不能把你对爸爸的期待放在老公身上。

老师带着案主一起说

爸爸，我很想你，我想得到你的重视，我想得到你的肯定，所以我在老公身上去寻找，但最终我发现找不到。

老师带着爸爸代表一起说

女儿，我才是你的爸爸，他不是，他不能代替我，我很抱歉，对不起！

赵中华：我给你一个枕头，把你胸口中的愤怒传到枕头上，把它甩出去。

案主：（一边摔枕头一边说）我恨你，你凭什么这样对我？你为什么这样对我？我有什么对不起你吗？去死吧，你为什么打我？我爸都没打过我，我打死你。

赵中华：婚外情是没有完美解决方案的。

老师带着老公代表一起说

对不起，我不奢求你的原谅，我会为此承担责任。

老师带着小三代表一起说

对不起，我伤害了你的家庭，我伤害了你们夫妻感情，因为我也是需要爱，我不奢求你的原谅。

赵中华：她也是一个需要爱的人，知道错了。婚姻的任何问题，都是双方的责任，情绪也发泄了，生活还要继续。

老师带着老公代表一起说

因为我也没有学过经营婚姻，婚姻中很多事都不懂，我不是一个完美的伴侣，谢谢你！

赵中华：如果你觉得和老公过不下去，你也可以考虑离婚。这里面的重点是他不是你爸爸，他不可能像爸爸一样对你。

• 排列呈现

（引入儿子代表、女儿代表）

赵中华：大家跟着感觉移动一下（见图4-11）。

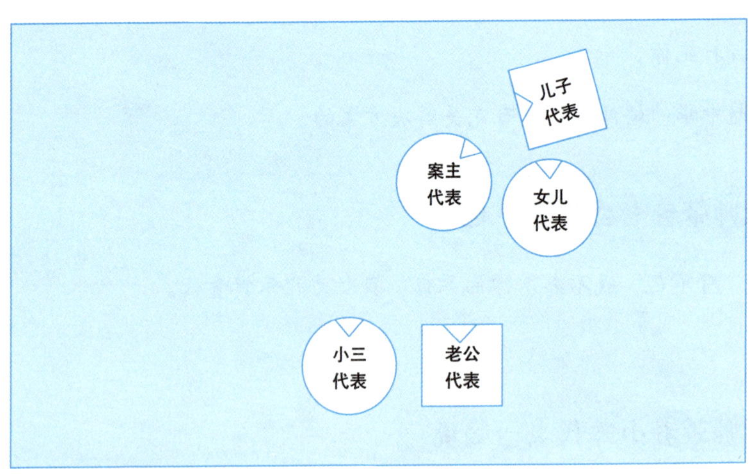

图4-11 各位代表排列呈现

赵中华：（对案主的儿子和女儿说）看到爸爸妈妈这样，你们有什么想法？

儿子代表：我觉得妈妈很可怜。

赵中华：他一旦觉得你可怜，就会为了救你，重蹈覆辙，成为你的替代品，用他一生来救你。

女儿代表：希望你们能幸福，给我们一个温暖的家，你永远是我的妈妈，你永远是我的爸爸，我永远爱你们。

赵中华：拥抱一下。

赵中华：你回家后的作业就是，当你内心有些要求和期待没有得到满足时，你有些负面情绪，请你把手放在胸口，此刻你感觉4岁的你在你的胸口，她很害怕，没有安全感，用你的手抚摸4岁的你，说：我看到你了，我拍拍你，你很孤单，很恐惧，很需要爱，你现在还小，没有人去爱你，当你慢慢长大，37岁了，我现在来爱你，让你不再孤单，让我来疗愈你，想象你的手有疗愈的动作，我带你回家。

你的负面情绪也许来自你妈妈的情绪转移，对4岁的你说，我爱你，我把疗愈带给你，想象自己的生命之树不断成长。

案主：我记住了，谢谢老师。

赵中华洞见

在大量个案中，我发现案主和父母中的哪一位关系亲密，就容易被哪一位伤到，案主和父母中的哪一位关系恶劣，案主就容易像哪一位。一切源于爱，一切始于爱，案主是非常爱她的妈妈，同时也容易复制她的妈妈，包括她妈妈的负面情绪，在案主结婚后呈现出来的爱而不亲就是这个原因，我为她疗愈时就是让案主连接，看见，疗愈，创造。

婚外情没有完美的解决方案，婚外情对感情是非常大的破坏，造成了心理极度不平衡，而很多人会选择报复的方式，伤害别人，伤害自己，这都是不良的处理方式，而婚外情是需要去平衡的。

只有接纳不完美的自己才能改善夫妻关系

案主：女士，39岁，希望调节夫妻关系。

赵中华：你想做什么主题？

案主：调节夫妻之间的关系。我老公接近我，我就很反感，和我老公说话我也没耐心。

赵中华：你们结婚多久了？

案主：十年了。

赵中华：怎么认识的？

案主：我们俩的妈妈认识，所以就撮合我们两个，当年我28岁，我丈夫比我小一岁。

赵中华：刚开始认识时，你有什么感觉？

案主：我觉得他很帅，但是我很自卑。

赵中华：刚结婚时，你们之间的关系怎么样？

案主：因为我们俩的妈妈认识，所以也没谈恋爱，就直接操办结婚了，结婚后没有特别亲密的感觉，一直很平淡。

赵中华：你们现在还住在一起吗？

案主：住在一起。

赵中华：你们之间有沟通交流吗？

案主：有，但每次沟通，都是以愤怒结束。

赵中华：是谁愤怒了？

案主：我愤怒了，他很少和我交流，但只要他接近我，和我说话，我就讨厌他，很不耐烦，我对他有种莫名的讨厌，很抗拒他接近我。

赵中华：刚结婚时，你讨厌他吗？

案主：刚结婚时还好些，有了孩子后，我就开始讨厌他。

赵中华：生孩子几年了？

案主：7年了，有孩子后，我们一直分床睡，我不让他靠近我。

赵中华：你今天咨询期望达到什么效果呢？

案主：我对他的抗拒是非常强烈的，我想找到原因，我也希望能够爱他，接纳他，改善我们的关系。

赵中华：你分别给你们的爱情、激情、亲情打个分。

案主：爱情0分，激情0分，亲情8分。

赵中华：你以前谈过恋爱吗？

案主：谈过。

赵中华：有遗憾吗？

案主：有一点点。

赵中华：性是婚姻的基石，所以你们的婚姻出问题了。

案主：他给我发短信，我就特别反感。

赵中华：你闭上眼睛，想想这种负面情绪是什么感受？是愤怒？还是委屈？

案主：是讨厌，是厌恶。

赵中华：你小时候发生了什么？

案主：我妈妈每天打我，我爸爸也经常骂我。我还有一个弟弟和一个妹妹。

• 排列呈现

（引入爸爸代表、妈妈代表、儿子代表、情绪代表、其他可能性代表）

赵中华：大家跟着感觉移动一下（见图4–12）。

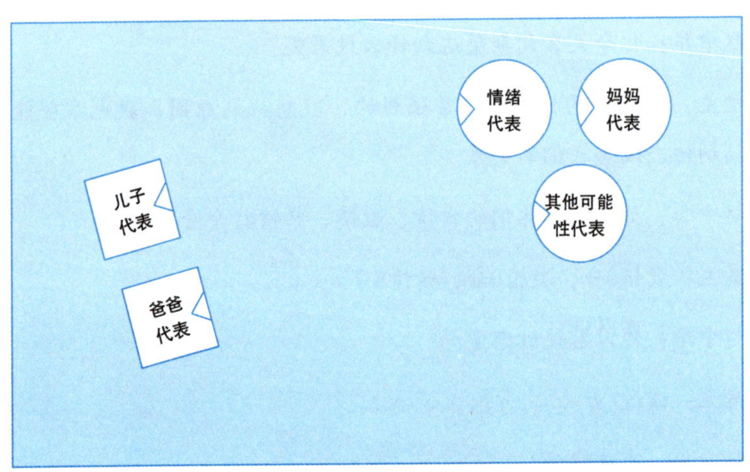

图4–12 各位代表排列呈现

赵中华：从排列上看，你的负面情绪和你妈妈有关，也和其他可能性有关。结婚7年发生了什么？

案主：孩子代表一上来，我就想哭，感觉心疼他。

赵中华：你是在心疼自己小时候没有得到爱，所以你把自己的爱全部给了孩子，因为你心疼他。所以你需要疗愈你的童年。

你闭上眼，回忆你小时候，你觉得你在哪个年龄感觉非常受伤？

案主：我在8岁时感觉最受伤。

• 排列呈现

（引入8岁案主代表、39岁案主代表）

赵中华：大家跟着感觉移动一下（见图4-13）。

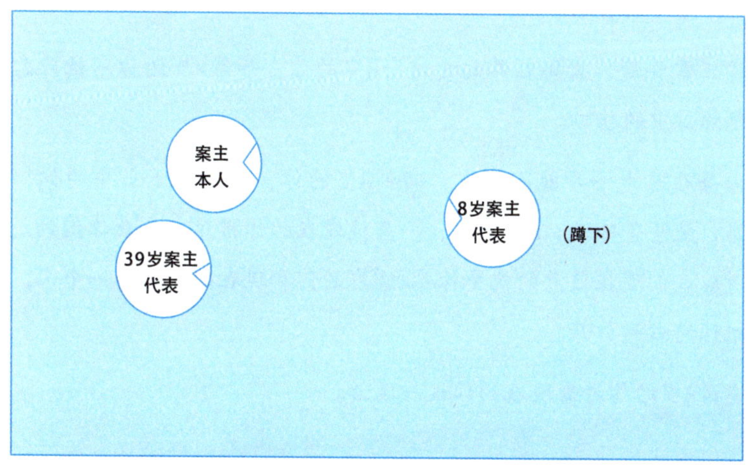

图4-13　各位代表排列呈现

案主：我看着8岁的自己非常心疼。

赵中华：那你蹲下和8岁的自己说一段话。

老师带着案主一起说

我很心疼你，你受了很多委屈，你受了很多的伤，你悲痛得睡不着觉，我今天来疗愈你，你为什么生活在一个这样的家庭？被妈妈打，被爸爸骂，你的童年为什么这么惨？

赵中华：你在心疼8岁的自己，因为你小时候没有得到爱，所以你把全部精力放在孩子身上，以此来弥补自己小时候缺失的爱。

你为什么无法和老公保持亲密关系，因为你觉得自己不够好，你恨自己，甚至骂自己，恨自己为什么生在这样的家庭，童年为什么这么惨，你讨厌那个童年的自己。

真正需要爱、需要滋养的是这个8岁的你，如果8岁的你不被疗愈，将永远是你心中的伤口。

你每往前走一步就小十岁，回到8岁的你，想象一下当年的你，被妈妈打骂，被爸爸冷漠，8岁的你，一直被现在的你排斥，导致你们俩是分离的，所以我们现在要做的就是你要把8岁的你和现在的你融为一个人，这样才能把你的心结打开。

邀请8岁的你看着现在的你说一段话。

老师带着8岁案主代表一起说

你是长大的我，我是受伤的你，我不完美，我受很多伤，受了很多的委屈，可是我想回家，请你接纳我，请你别排斥我，我甚至都不想别人碰我的身体，我需要爱，请你接纳我，请你接纳受伤的我，请你接纳脆弱的我，可以吗？我需要你接纳我，不要再排斥我，让我回家，虽然我不完美，请你接受我，可以吗？

赵中华：和8岁的你拥抱一下。

案主：我爱你，8岁的我，让我来疗愈你。

赵中华：你小时候受伤太多，你把这些伤都带到你孩子身上，你把所有的爱都给了你的孩子，今天你疗愈8岁的你，其实是在疗愈你自己，刚才把8岁的你领回家，你有没有归属感？

案主：有。

赵中华：（对老公代表说）当你看到你老婆这样，你有什么感受？

老公代表：我想拥抱她，爱她。

赵中华：你不愿意靠近老公的原因，就是你讨厌你自己，讨厌童年受伤的自己，现在只能通过两个人治愈你，就是你的老公和儿子。

老师带着案主一起说

你是我的老公，我是你的老婆，我们是因为相亲认识的，所以有一些遗憾，我对爱情有期待，甚至我需要再恋爱一次，我需要别人送我鲜花的感觉，所以我希望你能追我一次，买礼物给我。

老师带着老公代表一起说

你是我的老婆，我是你的老公，我也需要爱，我和你是相亲认识的，所以我也希望和你谈一次恋爱，你愿意再和我谈一次恋爱吗？因为我很爱你，所以我希望和你拥抱，谢谢你！

老师带着案主一起说

亲爱的自己，以后你有情绪冲着我来，他们是无辜的，你需要疗愈的是我，而不是他们，我会陪伴你成长，亲爱的自己，可以吗？

赵中华：你回去后的作业是，当你和你老公发生矛盾时，或者和你孩子发生矛盾时，你的愤怒在你身体的哪个部位，你把手放在这个部位上，轻轻抚摸，感受8岁的自己，被妈妈打的那个自己，对着自己说，我看到你了，我感受到你，我接纳你，我爱你，谢谢你，今天我终于感受到你，我用39岁的自己来爱你，来疗愈你，因为我长大了，这么多年，你无时无刻不在提醒我，你需要被爱，你需要被疗愈。

你只有疗愈了自己，才能去爱家人。

案主：我明白了，谢谢老师。

赵中华洞见

这个婚姻关系的个案当中，回溯到案主的童年经历了创伤。在我大量的个案当中，很多案主最不能接受的是自己，常常自我否定，比如，让案主上台去演讲，介绍一下自己，案主会说不行的，我说不好，或者经常自我否定我不漂亮、我不聪明、我不行等等。这都是不接受自己的表现，不接受自己，就很难接受他人，同时自我价值感低。我们做心理疗愈时就是让案主去接纳那个曾经不接纳的自己，那个不完美的自己，从而改善和他人的关系。